EXPLORATION

SCIENTIFIQUE

DE LA TUNISIE,

PUBLIÉE

SOUS LES AUSPICES DU MINISTÈRE DE L'INSTRUCTION PUBLIQUE.

GÉOLOGIE.

EXPLORATION SCIENTIFIQUE DE LA TUNISIE.

MISSION GÉOLOGIQUE

EN AVRIL, MAI, JUIN 1887.

JOURNAL DE VOYAGE

PAR

Georges LE MESLE,

CORRESPONDANT DU MUSÉUM D'HISTOIRE NATURELLE,
MEMBRE DE LA MISSION DE L'EXPLORATION SCIENTIFIQUE DE LA TUNISIE.

PARIS.

IMPRIMERIE NATIONALE.

M DCCC LXXXVIII.

Grâce à la bienveillante recommandation de M. le docteur Cosson, membre de l'Institut, Président de la Commission de l'exploration scientifique de la Tunisie, M. le Ministre de l'Instruction publique a bien voulu, en mars 1887, me confier une mission géologique dans la Régence.

Après l'étude de la presqu'île du cap Bon, le Dalahelat-el-Maouïa des Arabes, je devais explorer la région montagneuse qui se trouve entre le chemin de fer et la mer, les territoires des Mogod, des Kroumir, des Nefta, les environs de Bizerte, de Porto-Farina.

Ce programme était trop étendu pour le peu de temps qui m'était alloué, et je n'ai pu malheureusement le remplir qu'en partie.

Néanmoins, pensant qu'il y aurait quelque intérêt à publier, dès maintenant, mon journal de voyage, je le donne tel qu'il a été écrit, au jour le jour; j'y relate, sans parti pris, sans aucune prétention littéraire ou scientifique, ce que j'ai vu ou cru voir; il contient, je le crois, quelques faits nouveaux et des renseignements pouvant être utiles à ceux de mes confrères qui, ne craignant pas les fatigues et les difficultés d'une excursion dans un pays encore neuf, seront, en l'abordant, amplement récompensés de leurs peines par l'intérêt des observations géologiques et de riches récoltes de fossiles encore inédits.

Il serait prématuré de vouloir tirer des conclusions absolues de ce travail, tout préparatoire, pour lequel je fais maintes réserves; il me faudra, pour arriver à un résultat scientifique sérieux, reviser avec soin toutes les espèces rapportées dont je n'ai cité qu'une faible partie; puis, sur le terrain, voir à nouveau les points litigieux, étendre mes explorations à certains endroits que je n'ai pas pu visiter et où je devrai rencontrer la solution de plusieurs problèmes importants.

A une exception près, exception dont il ne me convient pas d'apprécier ici la valeur des motifs, j'ai été accueilli, aidé, encouragé par tous de la façon la plus cordiale, et ma tâche s'est trouvée singulièrement simplifiée par un concours bienveillant pour la réalisation de l'œuvre intéressante qui m'était confiée.

Qu'il me soit permis d'adresser ici mes sentiments de profonde reconnaissance, d'abord à M. Massicault, Résident général, qui, heureusement.pour l'avenir de la Tunisie, consent à rester dans le pays ; à M. le général Gillon, à MM. Robin, de Labonne, Benoît, Sanson, attachés à la Résidence ; à M. Lefebvre, directeur des forêts, qui a bien voulu me prodiguer renseignements et recommandations ; à M. Duportal, directeur du chemin de fer Bône-Guelma ; à MM. Saar, de Vialar, Le Muet, Roy, contrôleurs civils, dont j'ai reçu une si aimable et si utile hospitalité ; à M. le commandant Coÿn, ancien attaché militaire à la Résidence, au R. P. Delattre, à MM. Vignot, Rezal, Mille, Laurans, Petit, de Carnières, Smith, de La Blanchère, Pequin, Cretté, Jeancolas, Roussel, Faure, Valensi, etc.

Je pourrais joindre quelques noms de dames à cette liste que j'ai dû forcément abréger, mais il me paraîtrait peu convenable de les associer à une œuvre aussi étrangère, sinon à leurs aptitudes, du moins à leur goût et à leurs habitudes.

Quoi qu'il en soit, tous et toutes ont été pour moi, à des titres divers, des collaborateurs bien précieux ; qu'il me soit à nouveau permis de leur dire merci et au revoir, je l'espère.

Paris, 20 novembre 1887.

MISSION GÉOLOGIQUE

EN AVRIL, MAI, JUIN 1887.

JOURNAL DE VOYAGE.

Tunis.

Arrivé à Tunis à la fin de mars', je suis obligé d'y rester quelques jours pour organiser mon exploration : visites officielles à faire, lettres de recommandation à obtenir, etc. Je profite de ces loisirs forcés pour faire de courtes promenades géologiques dans les environs ; malheureusement je ne peux ou ne sais obtenir aucuns renseignements devant faciliter mes débuts.

Djebel Bou-Kourneïn, 3 avril. — Pris le chemin de fer jusqu'à Hammam-el-Lif ; c'est une ligne que l'on doit continuer jusqu'à Gabès dans un avenir peut-être trop éloigné. A Mougrin, à gauche de la voie, carrières exploitées pour moellons et pierre à chaux que je n'ai pas le temps de visiter ; à Hammam-el-Lif, grand établissement beylical, moitié Hammam moitié Fondouk, d'un assez bon aspect extérieur.

Tout près, au sud, commence le massif du Djebel Bou-Kourneïn ou Bou-Garnin, les géographes ne s'entendant pas sur l'orthographe du nom. J'en commence l'ascension : d'abord des éboulis, puis des calcaires marneux plus ou moins noduleux dont les lits se régularisent peu à peu. Des tronçons de Bélemnites, indéterminables spécifiquement, me démontrent que je ne suis pas, ce que je craignais du reste, dans le Tertiaire ; c'est un point acquis, mais de bien peu d'importance. Pendant quatre heures de recherches je n'ai pu trouver d'autres fossiles ; on en aurait cependant grand besoin pour être fixé sur l'âge de ce massif qui, par le Djebel Reças[1], semble se relier à la chaîne du Zaghouan. J'aurai, je l'espère, l'occasion de retrouver ce facies dans de meilleures conditions d'observation ; cela représente peut-être le Crétacé inférieur et le Tithonique indiqué par les Italiens.

[1] M. Cretté m'a envoyé le *Belemnites latus* et le *B. Orbignyanus* du Djebel Reças, où ils sont, paraît-il, abondants ; voici un Néocomien bien établi ; M. Rolland a, du reste, recueilli les mêmes espèces au Zaghouan.

La direction des couches est, dans la partie observée, SSE–NNO ; leur prolongement qui, au début, n'est que de 30° à 40° environ, s'accentue en descendant la série et atteint jusqu'à 75° ; à peu près ce qui est indiqué dans la coupe suivante :

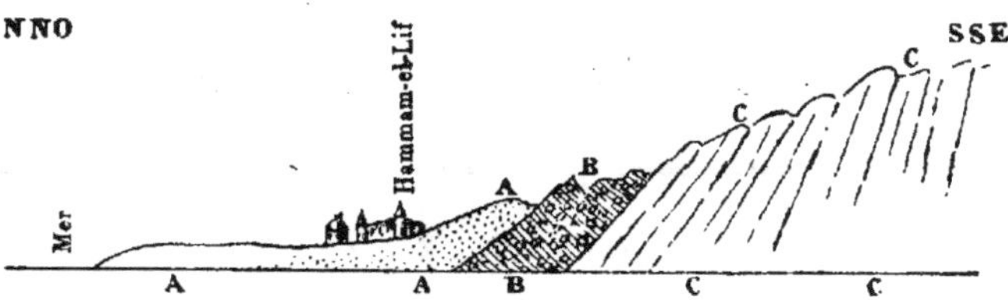

A. Éboulis et alluvions de la plage.

B. Couches noduleuses jaunâtres à Bélemnites.

C. Bancs bien réglés, de composition minéralogique très complexe : calcaires noduleux jaunâtres ou rougeâtres, bancs puissants de calcaires noirâtres à veines blanches spathiques, vrai marbre ; au milieu de tout cela, des émissions de Barytine, avec traces de Galène et de Calamine, ayant plus ou moins altéré la masse ; quelques lits de calcaire renferment des nodules siliceux, nombreux, presque en nappe.

Je monte presque jusqu'au sommet (alt. 589ᵐ Ét.-Maj.), cherchant, de ci, de là, sans arriver à un résultat certain ; je serais tenté de rapprocher la formation du Djebel Bou-Kourneïn de celle du Djebel Afgan dans le massif du Bou-Thaleb, au sud de Setif ; mais en fait d'analogie minéralogique, il faut être prudent ; ici, la paléontologie me fait défaut et la stratigraphie me dit peu de chose.

J'avoue toutefois n'avoir pas interprété le Djebel Bou-Kourneïn de la même manière que M. Pomel, les couches à Bélemnites me semblant supérieures ; devant l'autorité du savant explorateur algérien, je ferai des réserves à ce sujet, d'autant plus que mes observations n'ont pu porter que sur un point restreint de ce massif important auquel il faudrait consacrer plusieurs jours d'étude.

Djebel Ahmar [1], 9 avril. — D'après M. Pomel, les calcaires]du Djebel Ahmar appartiendraient au Gault « par analogie de facies, dit-il, avec ceux de cet étage en Algérie ». Ce n'est pas mon impression, au moins d'après ce que j'ai cru voir au Bou-Thaleb et au sud de Medeah ; en Tunisie, les arguments paléontologiques font du reste défaut, car les deux Oursins trouvés par M. Pomel sont des espèces nouvelles et même des genres nouveaux. Dans deux longues tournées au Djebel Ahmar, l'une que

[1] Petit massif montagneux (alt. 340ᵐ Ét.-Maj.) au nord-ouest de Tunis, sur la route de Tunis au Fondouk.

j'ai faite seul, l'autre en compagnie de M. le commandant de Labonne, nous n'avons su trouver aucune trace d'êtres organisés fossiles. MM. Rolland et Aubert, ingénieurs des mines, n'ont pas, du reste, été plus heureux dans leurs recherches.

Des argiles schisteuses grisâtres, bleuâtres ou brunâtres, quelques filets ferrugineux, de fréquentes alternances de calcaires très rognoneux; des veines de chaux carbonatée se croisent en tous sens, traversant marnes et calcaires, formant ce que les Arabes appellent « Chebka », réseau. Ces diverses couches sont assez plissées, leur inclinaison très variable, leur direction générale NE-SO.

La base et une partie des flancs de la montagne sont plus ou moins masqués par de puissants dépôts travertineux, séléniteux, exploités sur maints points et surtout sur le revers NE, où se trouvent d'importants fours à plâtre dont les produits sont utilisés à Tunis.

Cette carapace gêne les observations; mais à la base même on peut voir des pointements du substratum qui paraît plus compact, mieux réglé. Je ne saurais donc, jusqu'à présent, avoir un avis suffisamment motivé sur la place que pourrait occuper le Djebel Ahmar dans la série géologique; je la crois cependant assez élevée.

Presqu'île du cap Bon.

Mghaïssa[1], 10 avril. — J'aborde enfin les explorations sérieuses, but de ma mission, ayant rejoint à Hammam-el-Lif le soldat du train et les deux mulets que l'administration militaire a bien voulu mettre à ma disposition.

Je visite, à mi-côte cette fois, parallèlement à la route, le revers nord du Djebel Bou-Kourneïn, mais sans obtenir de documents nouveaux.

Attardé par mes infructueuses recherches, je me laisse devancer par mon convoi, que je finis par perdre, et j'arrive, en pleine nuit, seul, égaré, à Soliman, gros bourg arabe où j'ai grand'peine à obtenir un gîte. Le lendemain, après mille difficultés, à travers dunes et marais, je rejoins le commandant Coÿn à son campement au bord de la mer, à huit kilomètres au nord de Soliman; nous partons de suite pour aller, à la base du Djebel Kourbès, déjeuner chez MM. Mille et Laurans, jeunes colons instruits, bien élevés, qui préfèrent la vie active et intelligente du *gentleman-farmer* aux inutilités du Paris-Boulevard.

Je rencontre chez eux M. Aubert, ingénieur beylical des mines, qui ne

[1] Centre important de fermes et d'exploitations agricoles, importants vignobles à environ 8 kil. nord de Soliman.

peut me donner que des renseignements insignifiants sur la région que je
vais explorer : des Grès supra-nummulitiques stériles, quelques lambeaux
de Miocène et de Quartenaire; voilà tout ce que je dois rencontrer dans la
presqu'île du cap Bon; c'est peu encourageant.

Le 11 avril, je fais une première visite au Djebel Kourbès, versants SE
et Est : de puissantes masses de Grès bien stratifiées, stériles en fossiles,
et ayant des analogies avec ceux du nord de Setif; la plaine est formée
d'un sol sableux, légèrement ferrugineux, dont les éléments sont empruntés
aux grès voisins; avec cela des couches travertineuses assez calcaires, parfois
puissantes, dont la genèse doit être complexe; l'explication de leur formation par endosmose, explication ingénieuse que l'on doit à M. Pomel,
est probable dans bien des cas, notamment dans celui des carapaces en-
croûtantes qui jouent un si grand rôle en Tunisie et en Algérie; mais elle
ne saurait toujours suffire.

On m'annonce une couche calcaire, intercalée dans les grès et qui serait
fossilifère : demain je vérifierai le fait, ayant l'intention de monter jusqu'au signal de Kourbès (alt. 480^m) pour me rendre compte de l'oro-
graphie générale du pays.

12 avril. — J'ai visité ce matin le banc calcaire signalé comme fossilifère, et je commence, relativement, à m'y reconnaître.

En prenant à gauche, à la hauteur de la ferme de M. Mille, un ravin
broussailleux, on se trouve bientôt en présence de calcaires saccharoïdes
très durs, rosâtres, jaunâtres, dans lesquels on voit des traces d'orga-
nismes; le substratum étant masqué par des éboulis, il faut remonter
jusqu'à un petit col en se guidant sur les couches du calcaire dur. Au-
dessous, des bancs plus marneux, gréseux, à gros grains de quartz
roulé; une véritable Lumachelle, de grands *Pecten*, des moules de Gastéropodes dans un mauvais état de conservation, plus un gros *Clypeaster* que
malheureusement je n'ai pas pu dégager.

Je puis citer : *Cassis* aff. *Saburon* Lmk, *Pyrula rusticula* Lmk, *Pecten Ce-
lestini* Mayer, *Pecten* sp., *Astrea* sp., *Clypeaster* aff. *altus*.

Nous voici dans le Miocène classique; au-dessous les Grès réapparaissent, d'abord grossiers, à gros éléments, à galets même, avec quelques
débris de fossiles; puis, en descendant la série, ils deviennent plus fins,
plus durs et sont exploités à la carrière de Sidi-Reïs, au bord de la mer,
pour le pavage de la ville de Tunis.

Toutes les couches, malgré l'épisode calcaire, sont en concordance par-
faite. Au-dessus du banc de calcaire compact recommencent les grès impossibles à distinguer de ceux de la base; mais je ne saurais trop insister
sur l'unité absolue de l'ensemble et il n'existe pas de limite permettant de
classer dans l'Éocène, même la partie inférieure.

Voici, du reste, une coupe relevée SE-NO de la ferme de M. Mille, de Mghaïssa, aux carrières de Sidi-Reïs :

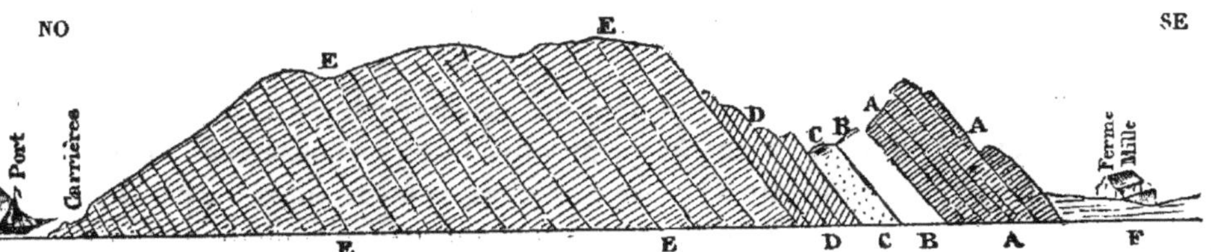

A. Grès supérieurs.
B. Calcaire compact.
C. Calcaire grumeleux grésiforme, fossilifère.
D. Grès grossiers, à galets, se reliant d'une manière insensible aux grès E.
E. Grès, en masses puissantes, plus ou moins durs.
F. Éboulis et alluvions.

Je crois donc qu'on peut classer, avec quelque certitude, le massif du Djebel Kourbès dans le Miocène.

Hammam-Kourbès, 13 avril. — Le matin, je quittais avec regrets MM. Mille et Laurans, dont l'accueil avait été si cordial. M. le commandant Coÿn voulait bien m'accompagner pour une partie de l'exploration de la presqu'île du cap Bon.

Nous nous engageons dans la chaîne du Djebel Kourbès par des sentiers à peine muletiers; la course est pénible, mais de temps en temps on jouit de splendides échappées sur la baie de Tunis. Nous arrivons à Hammam-Kourbès, station thermale très fréquentée par les Arabes et même par des Européens; quelques maisons sales et puantes au bord de la mer; les eaux, très chaudes, passent pour être fort efficaces, mais elles manquent absolument d'aménagement.

La coupe de la montagne est à peu près celle donnée plus haut; ici elle est plus complète dans la partie inférieure; on y trouve en effet des bancs d'un calcaire dur, altéré, tourmenté, injecté de diverses substances minérales lors de la dislocation qui a mis au jour les sources thermales; je n'y ai point aperçu de fossiles me permettant d'en déterminer l'âge.

Je n'ai pas été étonné, vu l'allure et la couleur du terrain, d'avoir entendu parler de volcan, de laves. Rien de tel cependant; tout cela, dans l'ensemble, est très concordant avec les Grès supérieurs. De même qu'aux carrières de Sidi-Reïs, je trouve quelques lambeaux (plaqués?) de marnes séléniteuses.

Sidi-Maghni, 14 avril. — Après avoir traversé encore une fois, par des sentiers de moins en moins praticables, le massif du Djebel Kourbès, recoupant, à quelques kilomètres plus au nord, les couches déjà observées dans l'ordre ascendant, je vais coucher sur les ruines romaines de Sidi-Maghni ou Maghnia.

La plaine est formée par le produit de la désagrégation de grès tendres qui pointent, çà et là, ayant la même direction que l'ensemble NE-SO; toujours les mêmes masquages par des encroûtements travertineux attribués par M. Pomel, et à raison je crois, à une action capillaire de l'intérieur à l'extérieur; peu réguliers comme allure, ils atteignent souvent plusieurs mètres d'épaisseur. Il serait difficile de ne pas en tenir compte, en raison de l'intensité et de l'étendue du phénomène, sur la carte géologique de la Tunisie; en tout cas, il faudrait, au moins, en faire mention dans la légende explicative.

Il y a, en outre, un autre dépôt subtravertineux quaternaire ou même récent, très important, tout le long de la mer depuis le cap Fortas, et se prolongeant fort au loin au nord-est, sorte de Molasse à assez gros éléments, souvent de plusieurs mètres d'épaisseur, sableux, en couches minces assez réglées; est-ce un remplissage d'estuaire?

Le 15 avril, je visite les environs du cap Fortas; c'est la continuation du massif du Djebel Kourbès : les mêmes Grès, ferrugineux par places, la même direction des couches qui, là, plongent d'environ 35° SE; on rencontre quelques dunes en allant vers l'est et des grès presque toujours masqués par la carapace travertineuse; à l'embouchure des Oued, les sables provenant de la désagrégation des grès se travertinisent et forment d'épaisses barres, disloquées ultérieurement.

Le Djebel Reçaf appartient au même système que le massif du Kourbès, dont il n'est qu'un morceau; je retrouve, à son pied SE, la continuation du banc calcaire signalé à la ferme Mille, seulement les couches infé-

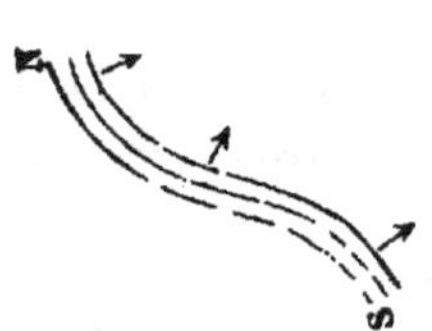

rieures, les seules un peu fossilifères, sont masquées par le travertin; on peut suivre cette couche à l'œil pendant plusieurs kilomètres, guidé par la végétation toute spéciale de son facies marneux.

En continuant vers l'est, toujours les mêmes grès, seulement leur plongement est un peu plus sud qu'au commencement de la chaîne, ce que l'on pourrait traduire par le diagramme ci-contre.

Tonnara, 16 avril. — Rude journée : trente kilomètres dans les dunes, vases et sables du rivage; ces dunes tiennent dans ces parages une place importante. Quel est leur substratum? probablement, là encore, les Grès miocènes ou les Marnes pliocènes, car on voit des pointements de marnes brunâtres à cristaux de gypse, d'apparence semblable à celles observées sur la route de Sidi-Reïs à Hammam-Kourbès.

Les travertins jouent aussi un rôle important sur cette côte et sous deux formes : l'une, purement terrestre, chimique, pourrais-je dire; l'autre, plus alluvionnaire, sub-marine, formant toutes les pointes et écueils de la côte. Près de Sidi-Daoud, leur facies se modifie : couches à peu près horizontales d'un conglomérat gréseux, en lits minces, parfois bien réglés d'un sable grossier, peu aggluté avec traces de coquilles (marines?) indéterminables; un facies analogue à certaines couches de la Molasse miocène auxquelles je suis loin de vouloir les assimiler, car, à tous les niveaux, les mêmes conditions d'être produisent les mêmes résultats, le même facies et, si j'osais dire, presque la même faune.

A Sidi-Daoud, vastes carrières romaines, creusées dans le travertin fort épais sur ce point; les matériaux des nombreuses ruines importantes des environs en proviennent.

A la Tonnara, grand établissement italien de pêcherie et de préparation de thons. Nous comptions pouvoir nous y installer pour la nuit, mais nous y sommes mal reçus, pas même reçus et c'est à grand'peine que nous parvenons à obtenir un pain. Nuit épouvantable de vent et de pluie; nos tentes sont inhabitables et nous avons à regretter le précieux abri que les immenses bâtiments de la Tonnara auraient pu nous donner. Au petit jour, nous quittons avec bonheur cette plage inhospitalière; mes compagnons partent directement, avec le convoi, pour El-Haouiria, où je les rejoindrai le soir après avoir visité le Djebel El-Hammam.

El-Haouiria, 18 avril. — Je visite le Djebel El-Hammam dont les couches sont dirigées E-O, plongeant d'environ 30 degrés vers le sud; ce sont des Grès plus ou moins durs, assez ferrugineux, sans fossiles, offrant la plus grande analogie avec ceux du Djebel Kourbès. De là, je me dirige vers le sud d'El-Haouiria, où je visite d'anciennes carrières romaines déjà signalées par Guérin; elles sont des plus intéressantes, occupent plusieurs kilomètres carrés, entaillant les bancs de plus de dix mètres; elles semblent abandonnées d'hier; c'est une sorte de Molasse coquillière, plus ou moins travertineuse, assez analogue à ce que j'ai vu à Sidi-Daoud; les couches supérieures renferment de nombreux débris de coquilles terrestres dont j'ai pu recueillir quelques échantillons. Je n'ose encore me prononcer sur l'âge et la genèse de cette puissante formation que l'on observe déjà à l'Oued Zaouïa et jusqu'au Ras Fortas; au voisinage immédiat d'El-Haouiria, ces travertins ont été exploités largement, probablement à l'époque romaine, en galeries profondes, vastes catacombes (Latomiæ) utilisées, dit-on, comme nécropole. Nuit glaciale, grand vent, pluie; manque absolu de confortable.

19 avril. Mes compagnons me quittent ce matin; me voici seul avec mon soldat du train qui, comme moi, ne sait pas un mot d'arabe : à la grâce de Dieu! J'ai pu heureusement m'assurer un abri au Dar-el-Bey où, en rentrant ce soir, je pourrai me reposer, relativement au sec.

Excursion au cap Bon; une dizaine de kilomètres par un sentier dangereux, presque impraticable, mais quel panorama! Ces énormes masses de rochers roussâtres, aux tons si chauds, doivent être d'un grand aspect vues du large; de près, et en laissant de côté le pittoresque, on se retrouve vis-à-vis des Grès miocènes de la chaîne de Kourbès; c'est identique, et l'on recoupe, à mi-chemin, la bande calcaire avec ses fossiles caractéristiques *Pecten, Clypeaster, Scutella,* etc., mais tous impossibles à extraire. Le plongement des couches, assez variable, est vers le centre de la presqu'île.

Deux braves gens, gardiens du phare, m'offrent à déjeuner, avec les provisions apportées par moi.

A l'angle de la pointe du phare, on voit un assez puissant lambeau travertineux (récent?) avec *Helix, Cyclostoma,* etc. En revenant à El-Haouiria et au-dessus des dernières couches gréseuses, on trouve de puissantes marnes brunâtres un peu schisteuses contenant quelques lits de rognons ferrugineux; est-ce du Pliocène? Cette couche s'appuie aussi sur les Grès au sud du Djebel Hammam. Dans le massif du phare, l'ensemble plonge sensiblement vers le sud d'une quantité variable, mais d'au moins 30 degrés, l'orientation des couches étant à peu près E-O.

Kelibia, 20 avril. — Parti à 6 h. 30 du matin, j'arrive à Kelibia (Galipia des anciens) vers 2 heures. Je suis reçu par le vice-consul de France, M. Conversano, un Italien aimable, mais ne sachant pas un mot de français; il m'installe très bien dans la maison des hôtes où je pourrai enfin changer de vêtements et me coucher non habillé.

Rien à dire de la première partie de la route de ce matin, sinon que le temps a été splendide, et que j'ai rencontré de nombreuses tortues terrestres. Le pays est assez plat : des étangs, des dunes peu élevées, recouvertes par places et à tous les niveaux par des dépôts travertineux encroûtants plus ou moins épais, ayant souvent plus de 4 mètres; quelques affleurements de grès NO-SE que l'on voit aisément rejoindre le Djebel Housdra, ce qui m'évite de le visiter.

On se rend facilement compte qu'à la fin de l'époque tertiaire le cap Bon (Ras Addar) et le Djebel El-Hammam étaient deux îlots isolés du continent, comme le sont encore Zembra et Zembretta; et il est très probable que les reliefs de Kourbès, des Djebel Hamid et Abd-er-Rahman, du Djebel Hammamet étaient dans le même cas et formaient un archipel compliqué, comme l'ont pressenti MM. Pomel et Rolland.

Après être sorti de la région des dunes et des étangs, on traverse, jusqu'à Kelibia, des terres fortes et, dans les ravinements, on peut reconnaître les Marnes argileuses brunes du revers sud du Djebel El-Haouiria.

A Kelibia je me trouve en plein Orient. Ma maison vaut d'abord une description; on entre, de travers, à la mode arabe, dans une cour mise ainsi à l'abri des regards indiscrets des passants; tout autour, de petits bâtiments voûtés renferment d'étroites chambres à murs épais, qui ne reçoivent le jour et l'air que par une porte mal assujettie; il y fait frais, mais sombre; d'énormes jarres à huile, vides, gisent sur le flanc, attendant la récolte; la cuisine est primitive; dans les chambres : estrades, gradins, niches, le tout fraîchement blanchi à la chaux.

Le soir, un peu tard pour un homme aussi affamé que fatigué, on m'apporte une plantureuse diffa de cinq ou six plats, ensuite le café, et enfin, Dieu merci, on me laisse prendre un repos bien nécessaire.

21 avril. Ce matin, visité le Bordj Kelibia ; les restes intéressants d'un oppidum romain sont renfermés dans la vaste enceinte d'une forteresse hispano-arabe; cet ensemble très curieux mériterait une exploration archéologique spéciale. Un vieux gardien invalide de l'armée tunisienne, un colonel probablement, refuse noblement un baschich; on n'y met pas tant de façons lors de la visite des palais de Tunis et des environs. Le monticule sur lequel est construit le Bordj est formé d'épaisses couches de Grès durs, probablement miocènes, identiques à ceux du Djebel Kourbès et du cap Bon; leur direction est assez difficile à indiquer, deux observations m'ayant donné des résultats sensiblement différents ; quant à la ville de Kelibia, elle est assise sur un travertin épais qui en rend les rues et les ruelles extrêmement raboteuses.

Menzel-Temim, 22 avril. — Quitté Kelibia à 1 h. 30 par une pluie battante; nous arrivons à Menzel-Temim où, grâce à mes lettres de recommandation, nous sommes vite et passablement installés. Voici le résultat de la course : en sortant de Kelibia, une petite rivière entame fortement le travertin et je regrette beaucoup que le temps et les adieux officiels du Khalifa m'aient empêché d'étudier cette coupe. En sortant des oliviers, on retrouve le travertin(?) pulvérulent, crayeux, assez compact cependant pour être employé en moellons extraits de petites fouilles peu profondes; puis des dépôts puissants de Marnes grumeleuses incohérentes, à *Cardium edule* et *Pectunculus*, certainement à plus de 20 mètres d'altitude; plage soulevée(?), mais par places au-dessous quelques apparitions de grès tertiaires.

A l'Oued Kouba, on a la coupe suivante :

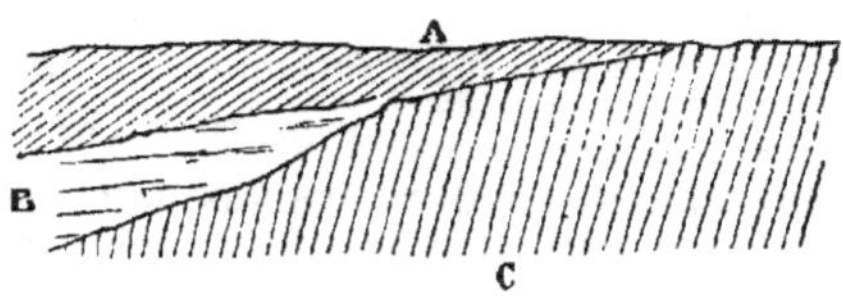

A. Marnes grumeleuses à *Cardium edule*.
B. Marnes brunes (pliocènes?).
C. Grès (miocènes?).

Malheureusement, les documents paléontologiques me font défaut pour l'interprétation de cette coupe dont les deux termes inférieurs sont tertiaires; en avançant vers le sud, les marnes argileuses B prennent un grand développement et forment le sol de la riche plaine qui va jusqu'à Menzel-Temim; terres à blé de premier ordre.

Oum-Douil, 23 avril. — Départ à 6 h. 3o de Menzel-Temim, après une nuit détestable : ouragan, pluie, tonnerre. En sortant des plantations d'oliviers, on retrouve des dépôts séléniteux blanchâtres pareils à ceux de Kelibia, puis une plaine de blé dont le sous-sol argileux doit appartenir au Pliocène. A 8 ou 1o kilomètres on descend dans une vallée assez profonde où je me trouve enfin en présence de nombreux fossiles. Arrêt immédiat du convoi, et, malgré un temps défavorable, vite en recherches; l'espèce dominante est une très grosse huître épaisse du groupe de l'*Ostrea lamellosa*; dans un banc marneux intercalé de nombreuses Turritelles, beaucoup de *Pecten* dont le *Pecten latissimus*, de taille énorme. Il m'a été impossible de relever une bonne coupe, mais nous sommes sous les marnes brunes observées précédemment et que je crois pliocènes.

Voici, du reste, la liste des espèces recueillies : *Turritella spirata* Brocchi, *Cardium hians* Brocchi, *Pecten Jacobæus* Lmk, *Pecten latissimus* Brocchi, *Pecten* aff. *flabelliformis* Brocchi, *Pecten Leythajanus* Partsch, *Pecten* aff. *varius* L., deux ou trois *Pecten* à déterminer, *Ostrea lamellosa* Brocchi, *Eschara* sp.

Cela me semble une faune mixte à laquelle on pourrait appliquer le nom de Mio-Pliocène; provisoirement j'en ferai du Pliocène inférieur.

Quand on rejoint le plateau, tous les mamelons, assez abrupts, couverts d'un blé magnifique qui gêne l'observation, montrent pourtant que leur flanc est formé d'argile rougeâtre; leur sommet est plat; on se croirait à la sortie de Constantine, sur la route de Setif.

Nebeul, 24 avril. — Parti à 6 heures d'Oum-Douil, je passe, à Kourchin, devant les ruines importantes d'un oppidum romain ou byzantin; puis, à

Beliès, je retrouve la «plage soulevée» à *Cardium edule*, à une assez grande altitude; en arrivant à Kourba, elle prend une réelle importance et là domine le *Pectunculus violacescens* (?); le village est bâti sur cette formation dont on voit une belle coupe à l'Oued Kourba [1].

Mes mulets et leur conducteur étant fatigués, je me décide à doubler personnellement l'étape et, après de nombreuses difficultés, je pars à pied pour Nebeul; jusqu'à Beni-Khiar on retrouve toujours la «plage soulevée» à *Cardium*, etc.; à ce point, un gros orage rend pénible le trajet des derniers kilomètres jusqu'à Nebeul.

A Nebeul, je suis reçu admirablement par M. Saar, contrôleur civil, par son adjoint, M. d'Anger et son aimable femme; c'est un salon de Paris et du meilleur monde. Je m'attarderai volontiers ici, d'autant plus que l'on m'annonce dans le voisinage un riche gisement de fossiles et que j'ai à emballer, à écrire et surtout à me reposer.

25 avril. — Après un bon et réconfortant repos je puis entreprendre une longue excursion de onze heures, à pied, dans le massif du Djebel Hammamet qui me donne des résultats intéressants. La base est composée d'argiles grisâtres ou jaunâtres à nombreux fossiles : *Natica*, *Solarium*, *Dentalium*, *Polypiers*, etc., dont plus loin je donnerai la liste. Au-dessus de ces argiles dont l'épaisseur, assez difficile à établir, est au moins de 40 mètres, on voit de nombreuses alternances de sables et de grès plus ou moins durs, ne contenant guère comme fossiles que des fragments de *Pecten cristatus* et quelques débris d'*Ostrea*. Une couche un peu plus calcaire montre de nombreux moules de *Venus* indéterminables; c'est sans doute le niveau indiqué par M. Pomel (*loc. cit.*, p. 23 et 24); puis, de nouveau, des grès sableux avec quelques couches argileuses; les parties supérieures sont encroûtées par un conglomérat travertineux récent qui, parfois, se développe fortement, remplissant les coins, englobant les coquilles vivantes du voisinage. En somme un Pliocène puissant très caractérisé dont les argiles inférieures viennent mourir à la mer; masquées souvent par des ensablements, elles forment le sol de la plaine de Nebeul, et là on les emploie à la fabrication de poteries réputées dans toute la Régence; elles sont plus ou moins schisteuses ou plastiques, parfois même assez séléniteuses; la gypse s'y rencontre en filets ou en cristaux isolés. — L'inclinaison de l'ensemble est vers le S-SO de 10 à 15 degrés, et à l'œil on peut aisément contrôler les allures des couches jusqu'au signal italien qui est à la cote de 320 mètres.

[1] M. Pomel, dans sa *Géologie de la côte orientale de Tunisie*, p. 90, croit devoir faire passer les couches à *Pectunculus violacescens* sous les argiles à huîtres de Kamarat; j'aurai quelques réserves à faire à ce sujet quand j'aurai trouvé une coupe plus probante que celle indiquée par le savant et habile observateur.

La coupe suivante, prise à l'est d'Hammamet, concorde bien avec celle
de M. Pomel et montre le terme argileux inférieur :

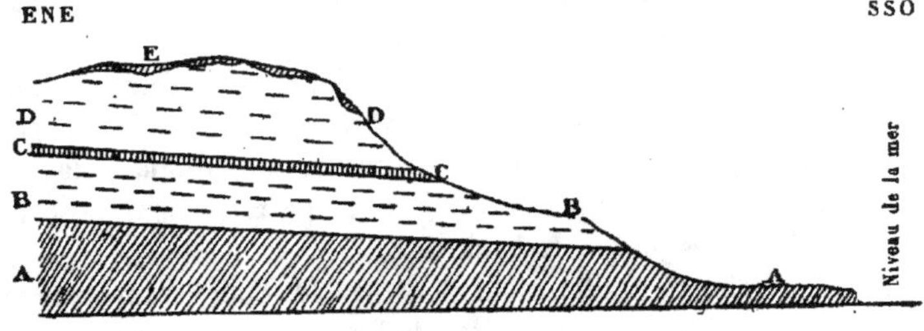

A. Argiles inférieures fossilifères.
B. Alternances de sables et de grès sableux plus ou moins durs.
C. Niveau plus calcaire avec moules de bivalves et débris d'huîtres.
D. Alternances de sables et de grès, semblables à B.
E. Encroûtement travertineux.

Liste provisoire des fossiles du Djebel Hammamet.

Natica glaucina Lmk.
Solarium Millegranum Lmk.
Turritella acutangula Brocchi.
Pleurotoma Turricula Brocchi.
Chenopus Pes-graculi Bronn.
Dentalium elephantinum L.
Vermetus *sp.*
Cytherea multilamellosa Lmk.
Venus *sp.* (moules).
Venus Agassizii Orbigny = V. Islandica.

Lucina subedentula Orbigny.
Arca diluviana Lmk.
Pecten cristatus Bronn.
Pecten aff. scabrellus Lmk.
Ostrea aff. lamellosa.
Balanus *sp.*
Ceratotrochus duodecimcostatus M. Edw.
    et J. Haime.
Cricopora ? *sp.*

C'est absolument la faune bien connue des marnes de Khodja-Bery,
près Douera, dans la province d'Alger; nous avons donc en Tunisie un
point de repère indiscutable qui nous sera de la plus grande utilité pour
distinguer les différents niveaux du Pliocène.

Somma, 27 avril. — Quitté Nebeul à 1 h. 30; à l'Oued Beni-Khiar,
visité le gisement fossilifère indiqué par M. d'Anger. En allant de Nebeul
à Beni-Khiar et avant d'arriver à ce dernier village, suivi à droite le lit
vaste et sableux, presque toujours à sec, d'un Oued qui se dirige à l'ouest
vers la mer; à trois ou quatre cents mètres, les eaux se sont creusé un lit
dans le substratum qui n'est qu'un conglomérat sableux rempli de *Pecten*
et d'*Ostrea*; c'est peu varié comme espèces, mais les échantillons sont beaux
et nombreux; en voici la liste : *Pecten* aff. *scabrellus* Lmk, *Pecten Jacobœu;*
Lmk, *Pecten flabelliformis* Brocchi, deux ou trois espèces de *Pecten* à déterminer, *Ostrea* aff. *lamellosa* Brocchi sp.

C'est encore une faune pliocène, ayant peut-être plus d'affinités avec la faune de l'Oued Damous qu'avec celle du Djebel Hammamet, entre lesquelles elle est peut-être intermédiaire. Elle semble inférieure aux marnes de la plaine de Nebeul que j'assimile au plus bas niveau de la coupe d'Hammamet; ici le champ d'observation est tellement restreint qu'il est impossible de faire de la stratigraphie, et les données paléontologiques sont peu nombreuses.

La colline que l'on traverse en sortant de Beni-Khiar pour aller à Somma, est en calcaire blanc, marneux, crayeux, tendre, assez feuilleté par places; M. Aubert en fait, je crois, du Crétacé, par analogie et sans y avoir trouvé de fossiles; n'ayant pas de nouveaux arguments à présenter, je crois qu'il est prudent de réserver la question. La carapace travertineuse occupe presque tout le plateau; un peu avant Somma, un profond ravinement en fait voir l'épaisseur et la composition complexe, marno-terreuse, alluvionnaire, avec *Bulimus decollatus*, *Lymnea*, etc.

Excellente réception à Somma; je suis muni des recommandations les plus officielles, ce qui me force, hélas, au lieu d'aller me coucher, à attendre la diffa jusqu'à neuf heures.

Fortuna, 28 avril. — Rien de bien saillant depuis Somma jusqu'à l'Oued Goudnara; des collines peu accentuées de relief, masquées par une épaisse carapace de travertins ou par des maquis broussailleux; un peu après l'Oued, des marnes grisâtres avec un banc d'environ un mètre d'*Ostrea crassissima* (bien typique); mais il m'est impossible de saisir ses relations stratigraphiques avec le Pliocène que je viens de quitter. On retrouve les débris de l'*Ostrea crassissima* pendant plusieurs kilomètres; mais comment, sans documents paléontologiques, distinguer les marnes du Pliocène de celles si semblables du Miocène? Il en est de même pour les grès.

Près de là, à un ancien puits romain, les pierres de taille employées sont en calcaires durs à *Pecten*, analogues à ceux du Djebel Kourbès et surtout à ceux du Djebel El-Haouiria. Le gisement ne doit pas être éloigné; en effet, à l'Aïn Zedra, on les retrouve, en place, intercalés dans les grès, comme aux points cités plus haut; j'y vois l'*Ostrea crassissima;* les couches plongent S-SO, d'environ 25 à 30 degrés; nous ne quittons pas les grès jusqu'à Fortuna. Devant moi les pentes abruptes du Djebel Abd-er-Rahman que je visiterai demain, vues à distance, me font absolument l'effet du Djebel Kourbès, avec un pendage en sens inverse.

Djebel Abd-er-Rahman, 29 avril. — Visité le Djebel Abd-er-Rahman en l'abordant par le nord-ouest, au delà du village de Sidi-bou-Ali; c'est tout à fait le Djebel Kourbès : des grès en gros bancs de toutes nuances et de

toutes duretés; quelques intercalations un peu marneuses, mais point de
fossiles; les bancs supérieurs semblent les plus épais; le pendage de l'ensemble est sensiblement N-NE et d'environ 20 à 40 degrés.

Coupe figurative des Djebel Kourbès et Abd-er-Rahman.

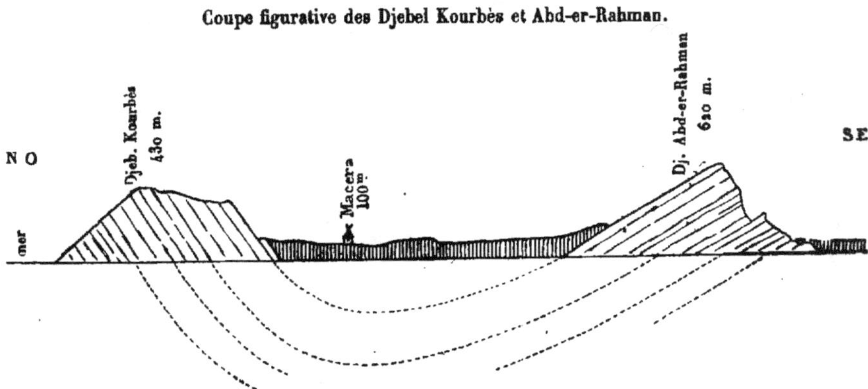

Zaouïa Djebali, 30 avril. — Arrivé hier soir, après de nombreux détours dans cette petite Zaouïa. A quelques centaines de mètres de Dar-Rouega, je retrouve les calcaires à *Pecten* du Miocène, puis des marnes assez épaisses qui ne m'apprennent rien et, à nouveau, les couches calcaires à *Pecten* sur lesquelles nous campons à la Zaouïa. Pour le moment, je ne saurais dire les relations de ces divers termes. Le cirque au centre duquel nous sommes établis est entièrement composé d'énormes bancs de grès.

Parti le 30 avril de la Zaouïa pour contourner le Djebel Hamid qu'on ne saurait, m'assure-t-on, franchir directement; j'ai pu me convaincre que cette chaîne n'est que la continuation de celle du Djebel Abd-er-Rahman. Après une journée d'un trajet très fatigant dans les dunes et les broussailles, je viens camper à Sidi-Marghni.

Le 1ᵉʳ mai, je me mets en route pour Mghaïssa où je comptais demander l'hospitalité à MM. Mille et Laurans; mais ils sont absents, et je profite d'une balancelle chargée de pavés pour aller, en deux heures, par un temps et une mer magnifiques, de Sidi-Reïs à la Goulette; peu après, j'étais à Tunis. — Vu de la mer, l'ensemble du massif de Kourbès plonge évidemment vers le centre de la presqu'île du cap Bon.

Tunis, 7 mai. — Visité le cap Kamart où je retrouve les huîtres signalées par M. Pomel comme pliocènes; il y en a deux espèces : celle qu'il me semble viser est difficile à distinguer de certains types de l'*Ostrea crassissima;* elle est seulement un peu plus large, plus aiguë au talon. —

Quant à la coupe de M. Pomel, elle est vraisemblable, mais peut-être un peu hypothétique.

Le 10 mai, j'ai enfin pu voir les collections du service des mines, sans grand profit pour moi; il y a des types curieux et intéressants, mais l'étude en est rendue pénible par le classement qui a été adopté. La date à laquelle l'échantillon a été recueilli et un numéro d'ordre se rapportant aux notes privées du collecteur ne sauraient suffire à un étranger non initié.

Région de Bizerte.

Bizerte, 12 mai. — Je pars de Tunis dès cinq heures du matin dans une calèche à trois chevaux, car pour se rendre à Bizerte, distant d'environ 75 kilomètres, la route, au delà du Fondouk, est très mauvaise et les communications sont difficiles. Je repasse devant le Djebel Ahmar sans m'y arrêter cette fois, car je n'espère pas y trouver de nouveaux documents; c'est peut-être sur le versant nord, vers les plâtrières, que l'on devra chercher l'âge de ce massif, que M. Pomel désigne comme Albien.

Je m'arrête pendant deux heures à Utique : des souvenirs historiques, des ruines et pas de restes importants; flore et faune malacologique luxuriantes.

La question des atterrissements de la Medjerda serait, tant au point de vue historique qu'au point de vue économique, un sujet d'étude des plus importants et c'est entre Utique et Porto-Farina que l'on devrait recueillir les plus utiles documents.

Je traverse ensuite le massif du Djebel Machbrin dont le dernier col est fortement entamé par la tranchée de la nouvelle route qui donne la coupe suivante :

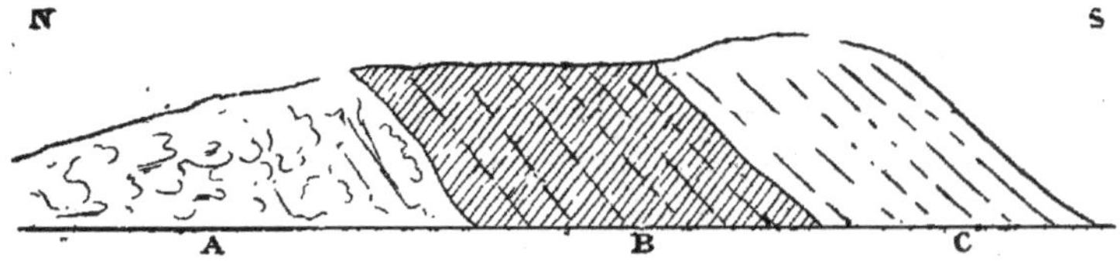

A. Marnes avec rognons calcaires, grès et sables; ensemble assez tourmenté.
B. Calcaires jaunâtres marneux remplis de moules de bivalves, quelques-uns fort gros.
C. Marnes argileuses noirâtres avec *Dentalium aprinum* L., *Pecten cristatus* Bronn, *Ostrea* sp.

C'est un Pliocène analogue à celui d'Hammamet. Dans la couche B, j'ai trouvé un moule de *Venus Umbonella* Lmk ayant plus de 16 centimètres.

J'arrive le soir à Bizerte sans incidents, ni accidents; si en Tunisie les routes sont détestables, chevaux et cochers sont d'une adresse merveilleuse.

13 mai. — Je visite dans la matinée, mais sans résultats, le petit massif entre Bizerte et Menzel-Djemil : des calcaires marneux d'un blanc et d'une consistance de craie blanche. Les affleurements sont mauvais, la stratification assez confuse; de gros rognons plus durs dans la masse qui est exploitée pour moellons et pierre à chaux; pas de fossiles; au-dessus, des marnes brunâtres. Je ne sais à quel étage rapporter cet ensemble; heureusement qu'à la longue-vue, on reconnaît facilement, à l'ouest de Bizerte, les mêmes couches; elles se présentent en longs cordons blanchâtres dans la montagne; je trouverai peut-être par là la solution de la question.

14 mai. — Parti à sept heures pour l'exploration du cap Blanc; en sortant par la porte de Mateur, je me dirige vers l'est. Des argiles marneuses ou tégulines avec quelques intercalations de grès occupent les premiers contre-forts, puis on arrive aux calcaires crayeux blancs signalés hier; leur développement est énorme; ils constituent le Djebel Mazlin et tous les chaînons secondaires jusqu'au cap Blanc; dans les dépressions, des marnes brunes avec petits bancs de grès qui ne sont que des restes de la couche supérieure; leur inclinaison est forte, de 35 à 5o degrés, suivant les points d'observation; composition minéralogique variable : marnes, calcaires marneux plus ou moins durs; caractère crayeux s'il en fut; presque toujours d'un blanc de craie, les couches un peu plus colorées devenant blanches à l'air. Trouvé seulement deux empreintes de plantes indéterminables; la direction générale est partout, dans ce que j'ai vu aujourd'hui, NNE-SSO.

15 mai. — On m'avait annoncé l'existence, dans le lac de Bizerte, d'un banc d'huîtres fossiles; le fait valait la peine d'être vérifié; c'est ce que je m'empressai de faire en profitant du canot que le commandant Vignot voulait bien mettre à ma disposition. Les prétendues huîtres fossiles n'étaient que des *Pinna nobilis,* encore vivantes et *in situ;* cette espèce est du reste abondante dans le golfe de Gabès.

16 mai. — Je pars de bonne heure pour explorer la rive est du goulet du lac; près d'une petite maison neuve se trouve une couche sableuse et à grès peu cohérents remplie de *Cerithium vulgatum, Cardium edule, Murex,* etc., dans laquelle je rencontre une mâchoire de *Chrysophris,* à 6 ou 7 mètres au-dessus du niveau actuel des eaux. Est-on là sur une

plage soulevée? Il ne faut pas abuser de cette explication, souvent commode, parce qu'elle reste inexplicable ou tout au moins inexpliquée. Je serais tenté de ne voir ici que les restes d'une ancienne barre dont on semble voir les amorces sur l'autre rive. Je ne saurais aujourd'hui discuter ces hypothèses et je me contente de constater les faits.

Un peu plus loin des éboulis, puis une couche dont la coupe transversale semble horizontale; c'est une molasse marine sableuse dont les fossiles sont en assez mauvais état, mais analogues à ceux de l'Oued Damous, près d'Oum-Douil; en continuant vers le sud on rencontre des grès ferrugineux bien réglés; leur direction est N-NE, leur pendage, très fort, d'environ 60 à 70 degrés; ils se prolongent jusqu'à l'extrémité du promontoire du goulet, où ils ont été exploités.

Dans l'intérieur des terres, je recoupe perpendiculairement ces grès; ils reposent, en concordance, sur les calcaires blancs crayeux, avec intercalations de marnes.

Coupe longitudinale de la côte est du goulet de Bizerte.

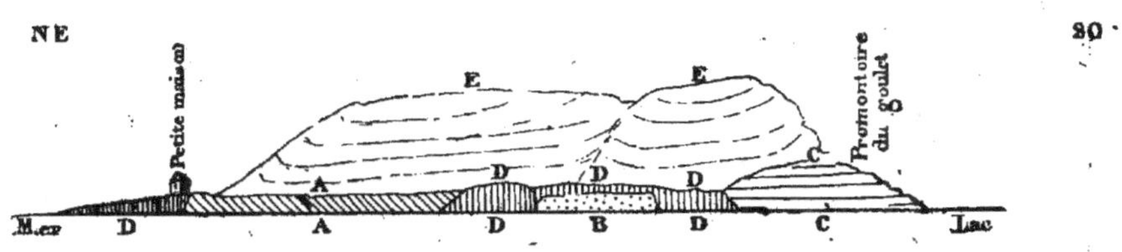

A. Plage gréseuse soulevée(?), ou plutôt reste de barre (*Cerithium vulgatum*, *Murex*, *Cardium edule*, etc.).

B. Pliocène inférieur à *Pecten*, *Ostrea*, etc.

C. Dépôt puissant de grès ferrugineux, bien réglés, en concordance avec les calcaires blancs crayeux.

D. Éboulis et dépôts alluvionnaires.

E. Collines de calcaires crayeux en second plan, ce qui donne en coupe transversale :

Coupe transversale prise dans la partie est du goulet.

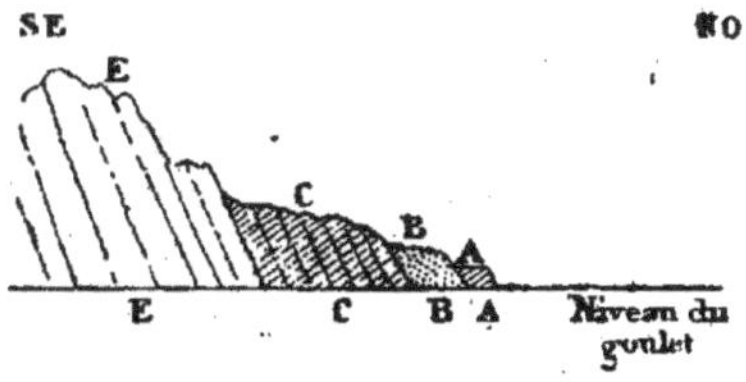

A. Plage soulevée ou reste de barre.

B. Mollasse pliocène.

C. Grès et argiles (pliocènes ou miocènes?).

E. Calcaires blancs crayeux.

Porto-Farina. — Le 19 mai, je pars le matin de Bizerte, profitant du voyage de retour d'une voiture pour Tunis. Je quitte la voiture avant Sidi-Moutsfa, me dirigeant sur El-Alia; sur la route quelques pointements de travertin. Au-dessus du village, je retrouve les calcaires blancs exploités pour moellons ou pierre à chaux; ils sont assez durs, leur direction est NNO-SSE; leur inclinaison est de 45 degrés environ vers E-SE. Je suis à l'est des ravins avec grès sableux ferrugineux, grossiers, rougeâtres, de stratification assez confuse. A la montée du Djebel Akrima, près d'un bordj ruiné, ils reprennent l'allure des calcaires blancs sous-jacents; puis viennent des argiles brunes à nombreux cristaux de gypse avec quelques bancs de grès intercalés. A quelques kilomètres, je retrouve les calcaires blancs, là très tendres, traçants, ayant la même direction qu'à El-Alia; ils sont surmontés par des marnes argileuses et des calcaires rognoneux jaunâtres à nombreux moules de bivalves et identiques à ceux de Sidi-Moutsfa, sur la route d'Utique à Bizerte. A un kilomètre plus loin, un petit ravin est creusé dans une molasse coquillière, avec *Pecten* et débris d'*Echinolampas*. Le gisement paraît assez riche, mais je n'ai le temps de m'y arrêter que pour constater le Pliocène inférieur.

A Porto-Farina, je reçois l'hospitalité de M. Mosca, agent sanitaire, dans les vastes dépendances abandonnées et presque en ruines du lazaret et des casernes, bâtis en moellons d'une molasse très fossilifère.

20 mai. — Je suis la côte jusqu'à la dernière ligule; cette barre a dû trouver, sa direction l'indique, un point d'appui sur les rochers sous-jacents. La montagne est formée de grès jaunâtres et de calcaires marneux rognoneux plus ou moins durs: des couches se salpêtrent fortement et leur délitation forme de spacieux abris, utilisés par les indigènes. Beaucoup de *Pecten*, d'*Ostrea*, mais difficiles à extraire. L'aire des recherches est si étendue qu'il faudrait plusieurs journées pour bien explorer la région, car le champ d'investigation peut avoir 8 à 10 kilomètres de longueur sur 150 à 300 mètres de hauteur; mais on en serait, j'en suis certain, récompensé par d'intéressantes trouvailles, comme le montrent quelques-uns des fossiles recueillis : *Pecten flabelliformis* Brocchi sp., *Pecten Leythajanus* Partsch, *Pecten Jacobœus* vel aff. et autres *Pecten*, *Ostrea* aff. *lamellosa* Brocchi sp. Cette faune est très analogue à celle de l'Oued Damous et appartiendrait alors au Pliocène inférieur.

Après déjeuner, je gagne Raf-Raf; obligé de grimper presque à pic jusqu'à 300 mètres d'altitude, toujours sur les couches pliocènes; sur l'autre versant, on retrouve les marnes sous-jacentes à leur place normale.

Je passe la nuit à Ras-el-Djebel, après divers incidents curieux mais désagréables, bien typiques des mœurs arabes. J'en repars ce matin (21 mai) à cinq heures et demie; d'abord des marnes, puis à Beni-Atta, je retrouve les calcaires blancs crayeux ; à Metlin, puissants travertins avec *Helix*, de facies actuel; au nord du village, les calcaires crayeux dominent et forment la pointe de Thanara ou Ras Zebid; leur prolongement constitue l'île Canis ou des Chiens (Djezeïret El-Kelb [Canis Insula]).

En descendant vers la mer par un sentier rapide, je retrouve encore les calcaires crayeux, puis des travertins qui masquent le fond de la vallée; à gauche, sont de grandes dunes dont je n'ai pu apercevoir le substratum; je doute qu'elles soient entièrement sableuses, elles sont plutôt un ensablement que des dunes à proprement parler.

On marche péniblement dans le sable et sur les aspérités du travertin jusqu'à Bizerte; à six kilomètres environ avant cette ville, les travertins sont très développés et puissants le long de la côte; ils ont au moins dix mètres d'épaisseur au-dessus de la plage actuelle et contiennent d'assez nombreux exemplaires de *Pectunculus violacescens* (?). Ils ont été largement exploités par les Carthaginois ou les Romains, pour les travaux de la ville et du port de Bizerte, dans de curieuses et très vastes proportions; les travaux, qui semblent abandonnés de la veille, ont été conduits jusqu'au niveau actuel des marées, ce qui indique que, depuis l'époque historique, il n'y a eu là ni affaissement, ni soulèvement.

Menzel-Djemil, 23 mai. — On m'avait indiqué un puissant banc d'huîtres situé à Menzel-Djemil [1], entamé par la tranchée de la nouvelle route; je ne manque pas de vérifier ce renseignement, qui, par hasard, était exact. De Bizerte jusqu'à la première montée, il n'y a que dunes et marais, puis quelques dépôts sableux subtravertineux à petits bancs de grès tendres, en couches minces; ce sont probablement des alluvions récentes, ayant pour genèse l'action des eaux et des vents. On passe devant un puits romain ayant comme dalle une grande pierre à longue inscription usée. Après on retrouve les calcaires crayeux ayant leur direction normale NNE-SSO et une inclinaison de 30 à 35 degrés E-SE; au-dessus : sables avec rognons calcaires, calcaires marneux, sables, grès friables à *Pecten*, moules de bivalves et huîtres nombreuses, surtout dans la partie supérieure de la tranchée de la route.

La tranchée de la route donne une assez bonne coupe de cette formation qui se perd, au sud, sous les vases du lac de Bizerte, et à l'est sous les sables des dunes; elle me fournit quelques bons fossiles dont : *Balanus* sp. *Pecten* aff. *flabelliformis*, *P. scabrellus*, *P. varius* et deux ou trois autres formes de *Pecten* à étudier, *Ostrea lamellosa*, etc. Cette faune ressemble à celle de l'Oued Damous et à celle de Porto-Farina; Pliocène inférieur.

[1] Menzel en arabe signifie halte, lieu de repos. Menzel-Djemil peut donc se traduire par «jolie halte, Beau-Séjour».

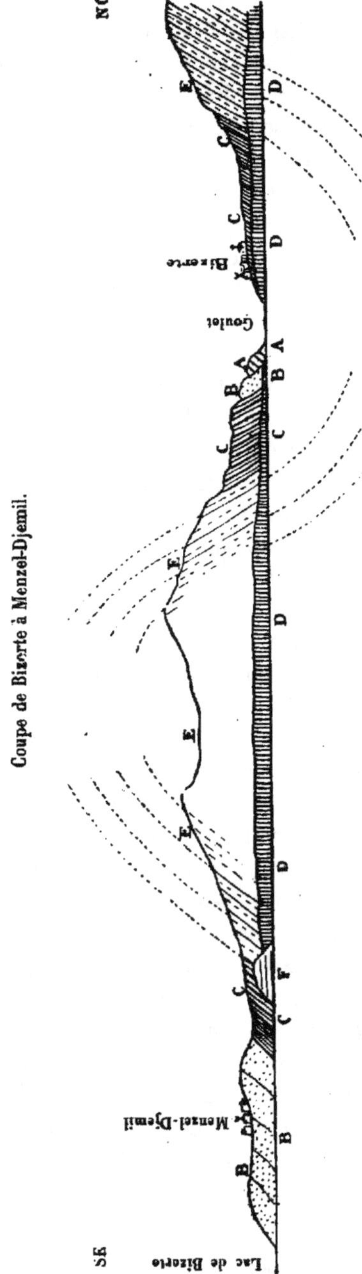

NO
SO
Coupe de Bizerte à Menzel-Djemil.
Bizerte
Goulet
Menzel-Djemil
Lac de Bizerte
A. Plage gréseuse soulevée ou plutôt reste de barre avec *Cerithium vulgatum*, *Cardium edule*, etc.
B. Molasse pliocène.
C. Marnes brunes, grès.
D. Éboulis et dépôts alluvionnaires.
E. Calcaires blancs crayeux.
F. Petit dépôt travertineux local.

Le plissement des couches est démontré avec évidence par ce diagramme dans lequel j'ai été obligé de beaucoup exagérer l'échelle des hauteurs.

24 mai. — Je vais visiter dans le lac l'île d'Angelo Kebira, île basse formée d'alluvions qui reposent sur un banc marneux contenant en abondance l'huître de Menzel-Djemil ; j'en recueille sur la plage de nombreux échantillons roulés et je constate que, de ce côté, une partie du fond du lac en est formée. Nous sommes donc encore en terrain pliocène.

Ici, comme pour Herbadilla dans le lac de Grandlieu près Nantes, il y a la légende d'une ville engloutie ; on en verrait encore, dit-on, les assises sous les eaux, mais je n'ai pu apercevoir que quelques blocs de grès semblables à ceux indiqués au promontoire du goulet dont ils sont la continuation. Leur régularité a seule pu faire croire à une taille intentionnelle.

25 mai. — Visite de la rive ouest du goulet jusqu'à l'anse dite, prématurément, des Torpilleurs. Là se retrouve un petit lambeau de Pliocène à huîtres dont la stratification semble confuse, peut-être en raison de la faible étendue du champ d'observation. Plus loin une plage soulevée ou plutôt les restes de la barre signalée sur l'autre rive.

Départ le 26 mai à six heures du matin par la route à droite du camp ; les marnes et les grès supérieurs aux calcaires blancs s'y reconnaissent facilement ; ces calcaires blancs, ici assez durs, forment le massif du Djebel Mazlin, leur direction générale est toujours la même, mais leur inclinaison est difficile à indiquer à cause de leurs nombreux plissements formant voûte. J'aborde ensuite des plaines argileuses, à bancs de grès d'un relief assez accentué, à substratum habituel.

Ces marnes et ces grès se poursuivent jusqu'à Aïn-Tella, dont les ruines romaines à gros blocs sont envahies par de misérables gourbis arabes. A la montée, avant la Zaouïa Daouda, puissants dépôts travertineux durs. A la Zaouïa, ruines romaines très importantes : théâtre, trois inscriptions. Je gravis au nord une petite montagne avec restes d'un poste ou observatoire romain, montagne formée comme la colline de la Zaouïa, par les calcaires blancs, ici un peu plus durs et plus rosâtres ; leur direction varie un peu ; leur inclinaison est de 30 degrés environ vers le nord-est ; en suivant la crête vers le sud, il y a un changement dans la direction qui reprend ensuite les allures générales de l'ensemble, ce qui nous donne à peu près le diagramme ci-contre.

A trois kilomètres environ de la Zaouïa, on trouve enfin le substratum ou plutôt les couches inférieures du calcaire blanc crayeux si développé dans la région : plaquettes de marnes et calcaires schisteux rouges, blancs, jaunes, rougeâtres, assez tourmentés, ondulés, mais très concordants avec les calcaires blancs supérieurs. Dans les schistes existent de nombreuses tubulures blanchâtres que l'on prendrait facilement pour des restes d'Algues et qui rappellent certains *Chondrites* du Ligurien; il n'en est probablement rien, et, en tout cas, des *Chondrites* dans un état de conservation si imparfait ne pourraient nous donner aucune indication de niveau[1]. L'affleurement de ces schistes est très restreint, étant masqué par les éboulis et les sables des dunes; la direction des couches est environ NO-SE, leur inclinaison de 20 à 25 degrés NE comme tout l'ensemble.

Je descends par les dunes à Sidi-Abd-el-Douad, Kouba vénérée, beaux vergers bien arrosés. J'y reçois un excellent accueil, mais les puces s'opposent à toute tentative de sommeil. Aussi je me décide à partir de fort bonne heure le lendemain matin, me dirigeant, du côté de la mer, vers un vieux poste romain, converti en Bordj, sur la falaise même.

Jusqu'au voisinage immédiat de ce Bordj, on ne rencontre que des dunes et des ensablements masquant les couches sous-jacentes dont on ne voit que quelques pointements. Un de ceux-ci est des plus intéressants : c'est une roche verte[2] évidemment éruptive, qui semble, autant que l'observation, restreinte par le manteau sableux, peut permettre de le croire, en concordance absolue avec les calcaires blancs qui réapparaissent tout auprès, dans la falaise; quelques lits, associés évidemment à cette roche, ont un facies bréchiforme.

A noter aussi un dépôt travertineux assez important, sur le mamelon même du Bordj.

Pour revenir à Bizerte, je recoupe deux fois les calcaires blancs crayeux et les marnes et grès superjacents.

29 mai. — A deux heures du matin je pars avec l'ingénieur en chef, M. Rezal, pour l'Île des Chiens (Djezeïret El-Kelb), où est bâti un phare important sur un rocher aride de 300 mètres sur 100. Là encore les calcaires blancs en bancs bien réglés; quelques couches sont très sac-

---

[1] Au microscope, la masse schisteuse est curieusement composée de très petits rhomboèdres de carbonate de chaux ferrugineux; les tubulures blanches en forme de *Chondrites* sont remplies de Foraminifères pareils à ceux des couches supérieures.

[2] Étudiée, en plaques minces, par M. Bertrand, professeur à l'École des mines, cette roche n'a pu donner de résultats bien concluants : c'est une Porphyrite décomposée, mais dans des conditions d'altération telles qu'on ne peut la distinguer avec certitude d'une Diabase décomposée ou d'une Ophite décomposée; elle semble relativement peu basique.

Coupe prise à 3 kil. NO de la Zaouïa Daouda jusqu'à la mer.

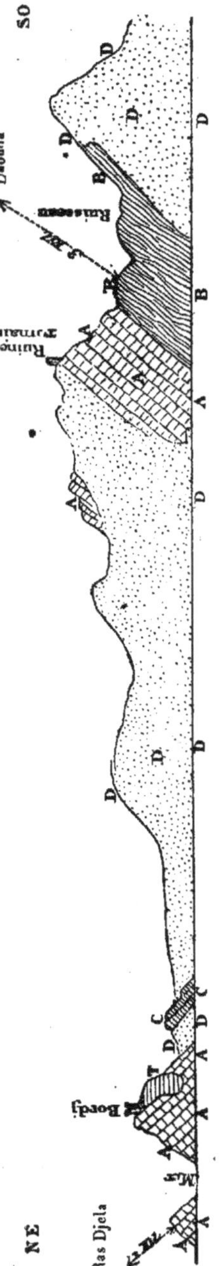

A. Calcaires blancs, en bancs plus ou moins épais, assez durs.
B. Marnes schisteuses de diverses couleurs, assez tourmentées, souvent en plaquettes avec nombreux *Chondrites* (?).
C. Roche verdâtre éruptive.
D. Dunes puissantes, masquant plus ou moins ces dépôts et gênant les observations stratigraphiques.
T. Dépôt travertineux local.

charoïdes, d'autres, au contraire, plus tendres, à facies presque grésiforme, s'effritent à l'air en laissant un résidu sableux [1]. Cet effritement,
combiné avec l'action de la mer, a produit des grottes et des couloirs d'un
curieux aspect. La direction des couches, facile à reconnaître, est environ
NE-SO; elles correspondent aux strates identiques de la terre ferme, au
Ras Zebid qui en est éloigné d'une douzaine de kilomètres. J'ai pu ainsi,
à distance et sûrement, contrôler les observations faites entre Porto-Farina
et Bizerte.

30 mai. — Je me décide à faire mes préparatifs de départ après mon
séjour long, mais bien employé, dans la région de Bizerte. Je fais mes
adieux à M. et à Mme de Vialar, dont l'accueil a été pour moi si cordial,
à M. Vignot, lieutenant de vaisseau, commandant un torpilleur, qui, sans
bruit, sans embarras, avec des moyens insuffisants pour tout autre que
pour lui, est en train de créer à Bizerte un port commercial et militaire
de premier ordre.

Région de Mateur.

Le 31 mai, je me mets en route pour Mateur en suivant la rive ouest
du lac où je ne quitte pas les grès et les marnes supérieurs aux calcaires
blancs jusqu'à l'Oued Tindja, rivière qui met en communication le lac
Ichkeul avec le lac de Bizerte.

1er juin. — Je traverse à gué l'Oued Tindja, traversée dangereuse pendant les crues : un Arabe s'y est noyé il y a un mois à peine. Je longe la
rive est du lac dont l'eau est douce ou plutôt un peu saumâtre, car elle
nourrit en abondance le *Cardium edule*. A un kilomètre, on se retrouve en
présence de sables et de grès pliocènes, avec quelques débris de coquilles,
et un dépôt travertineux puissant avec moules d'*Helix*. Ce travertin me
semble ancien, peut-être pliocène, d'après ses analogies avec certains
dépôts que j'ai observés dans la province de Constantine. On y rencontre
aussi des marnes et des sables à gros éléments, faiblement fossilifères, du
Pliocène marin inférieur.

J'arrive par un siroco accablant à Mateur, où je me repose deux heures,
mais je suis si énervé que je n'ai pas le courage de vérifier la nature des
calcaires blancs sur lesquels est bâtie la Casbah, et je me borne à aller à
deux kilomètres au nord-ouest, demander l'hospitalité à MM. Smith,
colons du meilleur monde, énergiques et laborieux, pour lesquels j'ai une
lettre d'introduction.

[1] Ce résidu est absolument composé de Foraminifères dont je constate la présence en
Tunisie pour la première fois.

2 juin. — Course aux mamelons de Ras-el-Aïn, entre Mateur et le Djebel Ichkeul : calcaires blancs, jaunâtres ou rosâtres, durs, sonores, à cassure esquilleuse avec nombreuses veinules d'oxyde de fer et de manganèse, ressemblant à certaines couches plus dures des calcaires blancs de Bizerte, mais paraissant avoir subi une action métamorphique. La direction des strates est variable et présente à peu près la courbe indiquée dans la figure ci-contre. L'inclinaison ne me paraît pas dépasser 30 à 35 degrés.

M. Smith a fait ouvrir à la base du versant SE une petite carrière qui lui a fourni de bons matériaux pour ses constructions.

Djebel Ben-Djered, 3 juin. — Je me mets en route à 7ʰ 3o. Jusqu'à l'Henchir Oum-Djemma (ruines importantes d'un temple romain) : marnes bleuâtres un peu schisteuses, puis brunâtres, peu caractérisées ; au sommet du coteau, couche argilo-marneuse, avec rognons blancs pulvérulents, farineux de carbonate de chaux. Plus loin apparaissent des poudingues assez puissants, intercalés dans les marnes, et cet ensemble forme de petits mamelons dans le sud-ouest jusqu'à l'Oued Melah, dont la vallée est caillouteuse et où les ruines romaines sont converties en gourbis.

En appuyant vers le nord-ouest, je commence à gravir les premiers contreforts du Djebel Ben-Djered, vers le Kef El-Sour.

A trois ou quatre kilomètres de l'Oued Melah, et à environ 2oo mètres d'altitude, on me montre un point que M. Smith m'avait indiqué comme intéressant. Au milieu de grès qui semblent constituer l'ensemble du massif, existe un filon d'injection avec barytine, galène poches de terre à foulon, et calamine [1]. Le terrain a été assez largement fouillé, pour l'extraction de la galène ou de la terre à foulon. Les trous en galeries sont étroits, tortueux, remplis maintenant par de l'eau excellente, précieux réservoirs pour les gourbis du voisinage. L'endroit où existent ces galeries se nomme Kaalala (la Calle) ; il est au nord-ouest de Mateur, à environ 16 ou 17 kilomètres à vol d'oiseau et à une vingtaine par la route.

[1] Un échantillon de cette calamine, analysé au laboratoire de l'École des mines, a donné :

Quartz	28 oo
Peroxyde de fer	9 6o
Oxyde de zinc (zinc, 32 12)	4o oo
Perte par calcination	22 oo
	99 6o

Djebel Ichkeul, 4 juin. — J'aborde le Djebel Ichkeul par le sud-ouest, et j'ai plus d'un kilomètre de marais à traverser pour l'atteindre; les chevaux enfoncent dans l'eau et les joncs jusqu'au poitrail. Je gagne de suite les carrières de marbre, dont les trois ou quatre principales sont ouvertes peu au-dessus du niveau du lac; une seule est assez élevée sur le flanc de la montagne. Leur front d'attaque est peu considérable, et je n'ai rien vu de taillé ni d'échantillonné; les lits puissants donnent des blocs énormes d'un marbre blanc saccharoïde, blanc veiné de gris, ou gris. Les marbres blancs me semblent un peu pulvérulents, mais les échantillons recueillis étaient depuis longtemps exposés à l'air, et pour en apprécier la qualité il faudrait étudier le fond de la masse. L'exploitation de ces marbres serait très facile, et le transport s'en ferait par le lac jusqu'à Bizerte sur des bateaux d'un faible tirant d'eau; mais il faudrait la canalisation, facile du reste, de l'Oued Tindja, ou l'exécution du chemin de fer projeté de Bizerte à Tunis par Mateur.

Comme dans toutes les roches métamorphisées, la direction des couches est difficile à vérifier; elle est à peu près NE-SO. Une observation faite plus à l'est donne 4o degrés d'inclinaison vers l'ouest; les conditions de l'ensemble sont donc assez irrégulières. Je suis monté en ligne droite au-dessus des carrières jusqu'à une altitude de 3oo mètres environ, et j'ai toujours retrouvé les mêmes marbres. Quelques bancs paraissent avoir moins subi l'action métamorphique et ressemblent tout à fait au calcaire de la carrière de M. Smith; c'est un facies altéré des calcaires marneux de Bizerte. L'action métamorphique me paraît en relation avec l'épisode éruptif de Kaalala. Il me faudrait encore deux jours pour explorer à fond le Djebel Ichkeul, dont le sommet dépasse 7o8 mètres. — Dans sa partie nord, il existe un petit gisement de fer dont j'ai vu de riches échantillons, et une source thermale réputée dans le pays; j'y ai recueilli quelques curieux types de coquilles terrestres[1].

Aïn Matouïa, 5 juin. — Je pars de chez M. Smith à neuf heures pour gagner Mateur. Après ce bourg, je traverse pendant trois kilomètres une monotone plaine basse, plaine qui, sur la carte géologique, devra être marquée en alluvions modernes, limons et boues apportés par les Oued. A un kilomètre, dans la montagne, les ruines romaines, assez importantes, se montrent de toutes parts; les premiers contreforts sont formés par un calcaire blanc, assimilable aux calcaires de la région de Bizerte. Au-dessus, le terrain assez tourmenté se compose d'argiles bleues, jaunes, rouges, brunes, entrecoupées de bancs de grès et de puissants poudingues, souvent à gros

―――――――――

[1] Entre autres le *Leucochroa Meslei* Lx.

éléments, peu cohérents. La direction de l'ensemble est NE-SO. Tout le massif est ainsi formé, à gauche et à droite de la route, aussi loin que la vue peut s'étendre, c'est-à-dire jusqu'au-dessus de la ferme Martel. A l'Aïn Matouïa, ruines romaines étendues, au-dessus d'une belle source.

Pour moi l'ensemble du massif devrait être attribué au Pliocène, avec le faciès assez spécial qu'il affecte aux environs de Constantine; il reposerait directement sur les calcaires blancs de Bizerte que je retrouve à la descente. Leur direction semble ici E-O, leur inclinaison varie de 25 à 30 degrés. Je suis ces calcaires jusqu'à Tebourba, où j'arrive, vers cinq heures, après un trajet de plus de 8 lieues à pied. — Entre Aïn Matouïa et la ferme Martel, à la descente, il y a de nombreux dépôts de calcaire blanc, pulvérulent, farineux ou en rognons dans les marnes; ils sont peu étendus, superficiels, travertineux, très analogues à ceux que j'ai observés à l'ouest de la ferme Smith.

Les Arabes, d'après M. Smith qui m'a fourni ce renseignement, exploiteraient dans une montagne au sud de Mateur, montagne dont je n'ai pu avoir le nom, des silex qu'ils emploient pour leurs herses à dépiquer les grains [1].

Tunis. — A Tunis où je viens me reposer pendant quelques jours, j'ai le plaisir de rencontrer M. Letourneux revenant d'une mission dans l'extrême Sud; il en a rapporté quelques fossiles, recueillis dans la craie supérieure à Kris, à quelques kilomètres NE de Tozzer, parmi lesquels j'ai pu reconnaître : *Hemipneustes Delettrei, Bothriopygus Coquandi, Echinobrissus* aff. *trigonopygus*. D'après M. Letourneux la chaîne de Charf-Dakrel-Amia serait fort riche en fossiles de cet horizon. — M. Lefebvre, chef du service des forêts en Tunisie, avec lequel je suis heureux d'entrer en relations, veut bien me donner d'intéressants renseignements. A Tabarca il y a un

---

[1] A mon retour en France, j'ai reçu de M. Roussel, ingénieur du chemin de fer de Bône-Guelma, en résidence à Beja, quelques curieux échantillons de calcaire nummulitique provenant sans doute du gisement même indiqué par M. Smith. Dans la pâte des parties très siliceuses en rognons, il existe beaucoup de *Nummulites*, des *Miliolites*, et autres fossiles que j'aurai à revoir sur place, d'autant plus qu'ils proviennent du point le plus nord de la Tunisie où aient été indiquées les Nummulites. Voici quelques passages de la lettre qui accompagnait cet envoi : «Je vous envoie quelques échantillons d'un calcaire nummulitique très siliceux exploité au Djebel Takent en deux endroits distants entre eux d'environ 5 kilomètres, appelés l'un «Kef Tout-el-Ghabrin» et l'autre «Henchir El-Barakin». — Le Djebel Takent se trouve à environ 27 kilomètres NE de Beja; les Arabes se servent des éclats de silex pour garnir les planches qu'ils emploient pour battre le blé et l'orge; ces pierres tranchantes fixées au-dessous des planches en question, sur lesquelles un Arabe est monté, et traînées par un ou deux chevaux sur l'aire à grains, font l'effet d'un hache-paille; c'est par suite de leur emploi que l'on obtient cette paille hachée très menu si recherchée pour les chevaux et les mulets.»

garde général, à Aïn-Draham un inspecteur, au Kef un jeune inspecteur adjoint s'occupant déjà de géologie et que l'on me demande d'encourager. M. Lefebvre veut bien me promettre, pour mes explorations ultérieures, de pressantes recommandations auprès d'eux, recommandations qui m'assureront leur précieux concours. — D'après les renseignements de M. Lefebvre, à l'est de Tabarca, on trouve des calcaires; l'arête qui passe à Aïn-Draham est formée par les grès « supranummulitiques »; à l'ouest de Feriana et chez les Ouchteta, on trouve des calcaires crétacés ou tertiaires et des marnes. Les terrains seraient ainsi étagés : calcaires, marnes, grès.

Beja. — Le 13 juin, à cinq heures et demie, je prends le chemin de fer qui me mène jusqu'à Beja-Ville où M. Le Muet, contrôleur civil, veut bien m'offrir l'hospitalité; j'aurai ainsi le plaisir de causer de l'Indo-Chine qu'il a habité plusieurs années et où j'ai voyagé moi-même. De Tebourba à Medjès-el-Bab, les montagnes au nord de la voie semblent, vues du wagon, formées par le calcaire blanc crétacé; plus loin des marnes et des argiles avec bancs subordonnés de grès, de poudingues, de calcaires, le tout très bariolé, ressemblant fort au Pliocène existant entre Mateur et Tebourba. Enfin dans la région de l'Oued Zaguin : un massif très tourmenté, déchiqueté, bouleversé, un chaos à l'aspect fantastique comme ligne et couleur, des marnes multicolores, des amas gypseux désordonnés. Quelles sont les relations de cet « accident » avec les autres formations voisines plus normales? Ce massif offre de grandes analogies d'apparence avec « les rochers de sel » d'El-Outaïa et de Djelfa.

A Beja, un ingénieur du chemin de fer Bône-Guelma, M. Roussel[1], homme aimable et instruit, m'apprend qu'à Beja même je suis en plein Nummulitique.... avec Nummulites. Vais-je, enfin, être à même d'établir les différentes relations de la série?

Hammam-Mezied, 15 juin. — Je vais avec le contrôleur civil, sa jeune

[1] M. Roussel veut bien me permettre d'examiner un assez grand nombre de fossiles recueillis par lui et, quoique leurs gisements soient plutôt algériens que tunisiens, je crois utile de reproduire ici les renseignements qu'il me fournit à leur sujet :

Moules très phosphatés, noirs du Gault (Gastéropodes et Acéphales) en couche puissante, bien réglée et étendue, recueillis dans une tranchée, au pied de la deuxième maison de garde, en allant de Sidi-Bader à l'Oued-Mougras ;

Calcaires à Inocérames, Céphalopodes déroulés curieux, Échinides (*Guettaria Angladei*, *Entomaster Rousseli* Gauthier), près de l'Oued Zenati ;

Échantillons d'un niveau phosphaté, à dents et à vertèbres de poissons, analogue à ceux de la base de l'Éocène rapportés par M. Thomas du centre de la Tunisie. Leur gisement est à Oued-Zenati, caïdat des Ouled Dia, sur la rive gauche de la Medjerda entre Sidi-Bader et l'Oued Mougras;

Nombreux échantillons des Nummulites des environs de Beja.

femme et plusieurs autres personnes, visiter le Hammam-Mezied, source salée, acidulée, chaude d'environ 4o degrés, sourdant de marnes assez embrouillées reposant sur les mêmes calcaires nummulitiques, qui sont très développés au sud de Beja; mais mes compagnons d'excursion ne me permettent pas de m'arrêter assez longtemps pour en faire sérieusement l'étude.

Khanget El-Tout[1]. — Le 16, je pars à sept heures pour le Khanget El-Tout. La chaleur est accablante, et j'ai dû faire le trajet d'une seule traite, aussi n'ai-je pas pu constater la transition du Nummulitique de Beja aux calcaires à Inocérames du Khanget El-Tout. — Je suis reçu de la manière la plus cordiale par M. et Mme Faure qui joignent l'amabilité à la science. Ce jeune ménage parisien a consenti à s'exiler dans ce coin perdu pour y mener une existence utile. J'obtiens et j'obtiendrais encore de M. Faure les renseignements les plus intéressants sur la géologie du nord de la Régence qu'il a parcouru en tous sens pour des recherches de mines. Les résultats de ses recherches sont remarquables et le récompenseront de ce qu'il a dépensé de fatigues et d'énergie dans ses laborieuses explorations.

Le 17, dans l'après-midi, je visite avec M. et Mme Faure, par des chemins difficiles, le grand filon de calamine que l'on reconnaît sur plus d'un kilomètre, et même de loin, à cause de la rareté de la végétation sur les points qu'il occupe. Ce filon a été l'objet d'immenses travaux d'exploitation, datant, pour la plupart, des Romains, repris ensuite jusqu'à une époque assez récente; on retrouve dans les tranchées de nombreux morceaux de galène ainsi que des haldes de grillage. La gangue est elle-même presque entièrement formée de calamine; mais n'en connaissant pas la valeur, on l'a négligée et laissée dans les déblais. Les galeries et les puits anciens sont très profonds.

La mine de calamine est fort riche, mais ses débouchés sont difficiles; ce sont des dépôts d'apparence travertineuse, remplissant les vides du calcaire à Inocérames sous-jacent, s'injectant entre bancs, mais très postérieurs. Il est probable que l'épisode éruptif de Kaalala, à l'ouest de Mateur, doit appartenir à la même émission.

Du Khanget El-Tout jusqu'aux grès, le pays est charmant, boisé, avec des ruisseaux poissonneux, des sources chaudes et froides. Ce gracieux paysage fait un agréable contraste avec la nudité de la route de Beja. Quant à la géologie, je n'ai pu vérifier sur ce point le contact des calcaires et des grès; la stratification en est masquée par la végétation et par une petite vallée qui, creusée sans doute dans les couches plus tendres, les

---

[1] Le Khanget El-Tout fait partie du territoire des Amdoul, au sud de celui des Nefta.

sépare. Il sera facile, je crois, de trouver un meilleur point d'observations, montrant le contact immédiat du crétacé supérieur indiscutable, avec les grès « supranummulitiques » que je crois miocènes.

J'ai rapporté de cette excursion de nombreux et beaux échantillons de calamine.

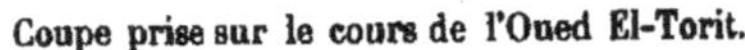

Coupe prise sur le cours de l'Oued El-Torit.

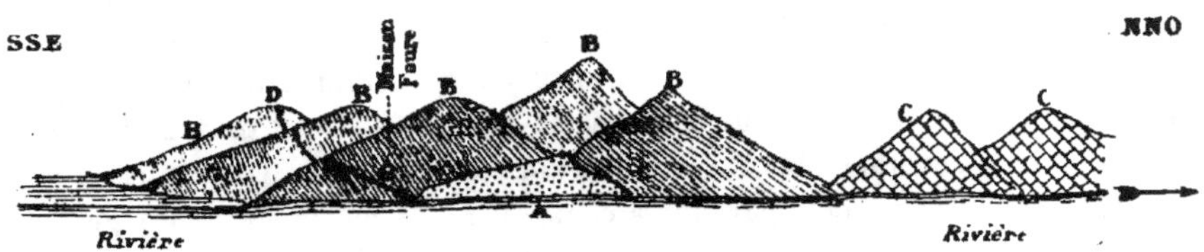

A. Travertin avec une belle source.
B. Calcaire à Inocérames.
C. Grès.
D. Filon de calamine.

Près de la maison de M. Faure, j'ai trouvé, dans les calcaires, non encaissant, mais supportant la calamine, de nombreux débris d'Inocérames et de mauvais restes d'un Oursin.

Les couches semblent orientées NNE–SSO à la mine; sur d'autres points, NE–SO, ce qui serait la direction de la chaîne.

Beja. — Arrivé le 18 à Beja, seulement à quatre heures, par un soleil et un siroco presque intolérables, je puis toutefois visiter, avec M. Roussel, quelques points du calcaire nummulitique et retrouver, à ce que je crois, le niveau phosphaté indiqué par M. Thomas, mais ici très glauconieux[1]. Je reviens à Beja sans avoir pu définir le point de contact du crétacé et du tertiaire. Cependant, vers et avant Sidi-Nasseur : marnes très onduleuses, en lits bien réglés, qui, malgré le manque de fossiles, peuvent être, presque avec certitude, rapportées à la partie supérieure des calcaires à Inocérames.

19 juin. — La journée est très utilement employée par deux longues explorations faites avec M. Roussel autour de Beja : partout les calcaires nummulitiques plus ou moins durs, marneux même; *récolte de nom-*

[1] Le calcaire glauconieux, analysé au laboratoire de l'École des mines, ne donne que 9,22 de phosphate tribasique, quantité trop faible pour une exploitation, mais très suffisante pour indiquer la continuité du dépôt phosphaté signalé par M. Thomas dans le sud ou au centre de la Régence; il est probable que des recherches autour de Beja feraient trouver un niveau plus riche. Dans ce calcaire on trouve d'assez nombreuses dents d'un *Lamna* voisin du *L. crassidens.*

breuses et belles Nummulites [1]; observé quelques sections d'Oursins qu'il est impossible de détacher de la roche. — Une carrière exploitée pour les besoins du chemin de fer en construction donne de belles pierres de taille de grand appareil; la structure en est saccharoïde et l'on n'y trouve que quelques rares Nummulites, quelques petits Brachiopodes et des *Ditrypa*. Au-dessous existe le niveau glauconieux phosphaté. Sous la Casbah on trouve un banc d'*Ostrea multicostata*. Il m'a été impossible de classer tous ces termes divers et je ne pourrais en donner qu'une coupe hypothétique.

Le soir, à l'ouest de la ville, nous n'étions pas plus heureux au point de vue stratigraphique; on y retrouve les mêmes éléments, mais toujours confus; observé seulement, au-dessus des calcaires nummulitiques, et en concordance apparente, les grès, les argiles et les poudingues pliocènes, si développés près Beja-Gare.

Souk-el-Arba, 21 juin. — Je prends le chemin de fer à Beja-Gare pour aller coucher à Souk-el-Arba. Le long de la route je vois les grès indiqués par M. Faure; peu puissants, ils semblent en relation avec les marnes et les poudingues et seraient plutôt pliocènes que miocènes.

El-Kef, 22 juin. — Arrivé à El-Kef à onze heures du soir. La mauvaise diligence qui a la prétention de faire le service d'El-Kef nous a versés à deux kilomètres de la ville, et nous aurions dû cent fois être tués; aussi nous nous estimons heureux d'en être quittes pour quelques horions sans conséquence.

M. Pequin, inspecteur adjoint des forêts, a eu l'amabilité de m'attendre, et j'accepte, pour cette nuit, l'hospitalité qu'il veut bien m'offrir.

M. Pequin connaît bien le pays et est animé d'un grand zèle pour la géologie. Il est très désirable qu'il persévère, car il sera à même de rendre de véritables services à la science.

23 juin. — Je visite le matin, à deux kilomètres à l'ouest de la ville, le calcaire à Inocérames : calcaires rognoneux blancs, grands Inocérames conservant souvent une partie du test, mais impossibles à détacher; les grands exemplaires de ces Inocérames sont frangés sur les bords et appartiennent au groupe de l'*Inoceramus digitatus* Sow.

24 juin. — Je revois ce matin, et plus au loin, en faisant le tour du Coudiat El-Zerga qui en est formé, les calcaires à Inocérames, bien pauvres en fossiles (quelques traces de Céphalopodes déroulés, quelques débris d'Échinides); ces calcaires sont blancs, assez tendres et rognoneux sauf une

---

[1] *Nummulites Rollandi* Munier Chalmas, *N. Ehrenbergii* et d'autres espèces à déterminer.

couche plus dure qui forme l'arête du Coudiat et du Djebel Sidi-Amer.
A l'ouest de la ville jusqu'au Coudiat El-Zerga, l'observation dans la vallée
est assez difficile; les marnes et les argiles semblent dominer et l'on
aperçoit un petit pointement d'une roche glauconieuse qui rappelle la
couche phosphatée de Beja.

25 juin. — Journée excellente, résultats intéressants. M. Roy, contrôleur civil, a l'amabilité de m'accompagner, comme il l'avait fait pour
M. le docteur P. Marès, et aux mêmes endroits. Je recueille beaucoup de
petites espèces dans la couche indiquée par M. P. Marès et qui se trouve
entre deux niveaux de Nummulites, fait déjà signalé par M. Rolland,
entre autres : *Thersitea gracilis* Coquand, et *Pseudo-Pygaulus Maresi*
Cotteau; les Oursins y paraissent fort rares. En repassant par un chemin
récemment établi par le génie, pour monter du camp du train à la Casbah, j'ai pu relever une bonne coupe qui résume à peu près la question.

La partie supérieure des calcaires à Nummulites est assez disloquée;
ils s'étendent, très puissants dans le nord d'El-Kef, jusqu'à mi-chemin de
Nebeur, reposant toujours sur les marnes et les calcaires à Inocérames et
forment des abrupts imposants.

Quant au Miocène de la coupe publiée par M. P. Marès, admis par
MM. Rolland et Thomas, nié par M. Aubert qui le considère encore comme
éocène, je me range à l'avis des premiers observateurs. Quoique assez
mauvais, les échantillons d'*Ostrea* que j'y ai recueillis se rapportent assez
bien, les uns à l'*Ostrea crassissima*, et les autres plus étalés à l'*Ostrea Gin-
gensis*. On trouve là un lambeau miocène conservé et préservé dans un pli
du Nummulitique.

Je dois à l'obligeance de M. Pequin d'avoir pu prendre une copie de la
carte géologique provisoire de la partie ouest d'El-Kef, dressée par M. Tis-
sot et dont l'original doit exister dans les archives des mines à Constantine. Cette carte, malgré quelques erreurs inévitables, est un document
aussi intéressant qu'utile.

Je dois aussi à M. Pequin une coupe relevée par lui d'El-Kef à l'Oued
Melleg où est constaté le fait important de la présence de Bélemnites.

A l'ombre, dans la maison de M. Roy, une observation thermométrique,
faite avec soin, nous donne, le 25 juin à trois heures de l'après-midi,
40° 3/10; aussi dois-je renoncer à poursuivre mes explorations par cette
température torride.

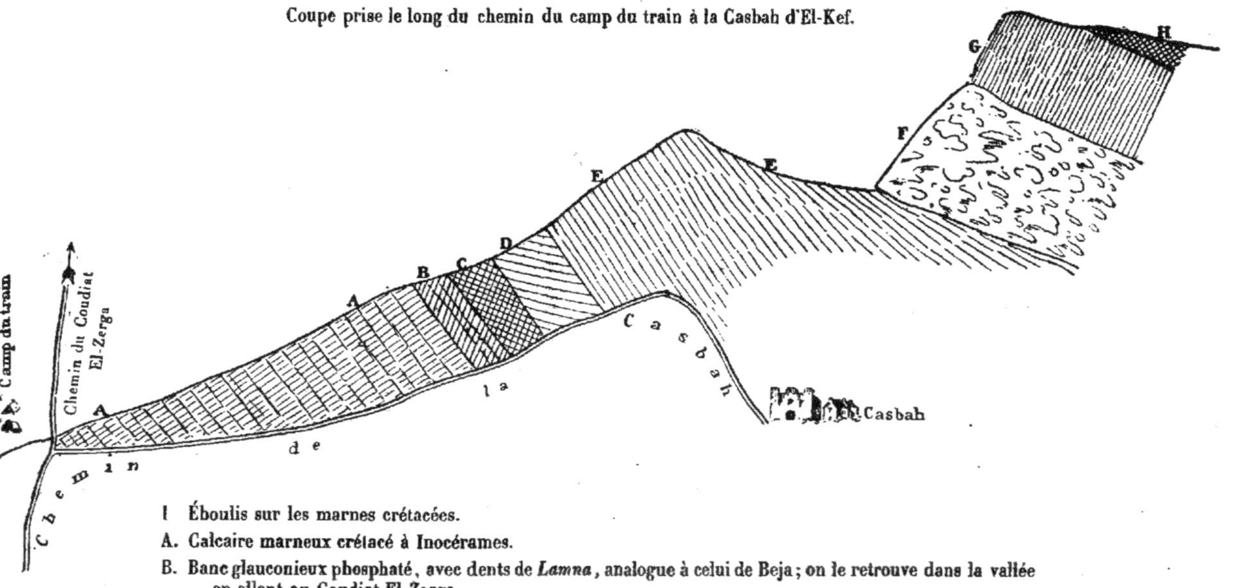

I Éboulis sur les marnes crétacées.

A. Calcaire marneux crétacé à Inocérames.

B. Banc glauconieux phosphaté, avec dents de *Lamna*, analogue à celui de Beja; on le retrouve dans la vallée en allant au Goudiat El-Zerga.

C. Calcaire blanc marneux.

D. Calcaire assez cristallin avec petits Brachiopodes et rares Nummulites, analogue à celui de la carrière du chemin de fer de Beja.

E. Premier banc de calcaire nummulitique.

F. Niveau marneux signalé par M. Marès; Gastéropodes acéphales, quelques Échinides, rares Nummulites, quelques *Ostrea multicostata*.

G. Deuxième niveau à Nummulites abondantes, calcaire compact.

H. Lambeau miocène avec *Ostrea crassissima*.

CONCLUSIONS.

Je crois utile de résumer en quelques lignes les observations les plus intéressantes recueillies pendant mon trop court voyage d'exploration.

Presqu'île du cap Bon.

Au commencement de la période quaternaire, la presqu'île du cap Bon formait un archipel dont il reste encore deux témoins, les îles Zembra et Zembretta ; cet archipel n'est devenu continent qu'à une |époque relativement assez récente, par suite d'atterrissements produits par les alluvions, les ensablements, le remplissage des estuaires par de puissants dépôts travertineux ; il y a lieu aussi de tenir compte des plages dites « soulevées », dont la genèse n'est pas encore bien expliquée ; on les reconnaît sur presque toute la côte actuelle depuis le cap Bon jusqu'à Hammamet.

Les massifs principaux du Djebel Kourbès, d'El-Hammam, d'Addar, d'Hamid, du Djebel Abd-er-Rahman, de Hofra sont miocènes et représentent probablement l'Helvétien et le Tortonien[1].

Une faille NNE–SSO semble exister au pied du versant oriental du Djebel Abd-er-Rahman ; je n'ai pas pu vérifier son extension.

Le Pliocène n'est pas moins bien représenté dans la presqu'île ; il a un grand développement, surtout dans la partie SE. On doit sans doute lui rapporter les marnes et les argiles brunâtres des riches plaines de Kélibia, de Menzel-Temim et de Nebeul.

On trouve de beaux gisements de fossiles messiniens (?) à l'Oued Damous près Oum-Douil et à Nebeul.

L'Astien forme le massif du Djebel El-Hammamet ; dans les argiles de la base de ce relief on retrouve toute la riche faune classique de Khodja-Bery, près Alger.

[1] Dans une communication récente à l'*Association française pour l'avancement des sciences* (Congrès de Toulouse, 24 septembre 1887), M. Rolland dit « nummulitiques » les grès du nord de la Régence et même « ceux qui forment les principaux reliefs de la presqu'île du cap Bon ». D'après tout ce que j'ai observé jusqu'à présent, il m'est impossible d'accepter une assimilation dont j'ignore, du reste, les motifs.

Quant au Quaternaire, son développement est considérable : alluvions sableuses ou argileuses, dunes, puissants travertins très complexes de formation, plages soulevées (?).

Je ne citerai que pour mémoire le terrain crétacé dont on voit, peut-être, deux très petits lambeaux : l'un à Hammam-Kourbès, l'autre au nord de Nebeul.

Région de Bizerte.

Tout le substratum de la région est formé par un calcaire blanc, à faciès éminemment crayeux, fortement plissé, d'une épaisseur d'au moins 200 mètres; on le voit à Bizerte, à l'île de Djezeïret El-Kelb, à Ras Zebid, au cap Blanc, à El-Alia, au Djebel Mezlin, à la Zaouïa Daouda, au Ras Nedeïla. En apparence, il ne contient aucuns fossiles; mais examiné au microscope, en plaques minces, on le voit entièrement formé de Foraminifères[1], rappelant certains dépôts de mers profondes de la craie d'Angleterre. La présence de Foraminifères communs aux calcaires de Bizerte et à ceux de Beja en démontre l'identité[2].

Au-dessus quelques bancs de grès durs bien réglés, comme au Goulet du lac de Bizerte, puis des alternances de marnes et de lits de grès tendre qui peuvent représenter, soit le Miocène supérieur, soit le Pliocène; enfin des sables et des grès plus ou moins argileux qui appartiennent sans doute au Messinien et qui sont très riches en fossiles à Porto-Farina et à Menzel-Djemil. Il faut enfin noter l'épisode porphyroïde dont on voit un intéressant affleurement à Ras Nedjeïla.

Mateur.

La colline à laquelle est adossée la ville de Mateur, la petite montagne qui est entre Mateur et le lac, le Djebel Ichkeul lui-même appartiennent

[1] L'examen microscopique des échantillons de calcaires crayeux préparés en lames minces que j'ai soumis à M. Schlumberger, dont la compétence en pareille matière est si connue, a fourni entre autres les genres suivants de Foraminifères :

Île de Djezeïret El-Kelb (Insula Canis) : *Globigerina, Rotalina, Orbulina, Bulimina, Textularia*, etc.

Zaouïa Daouda, dans les tubulures blanches des calcaires ferrugineux et schisteux : *Globigerina, Textularia.*

Djebel Ras-el-Aïn, carrière de M. Smith, entre Mateur et le Djebel Ichkeul : *Globigerina, Nodosaria, Rotalina, Bulimina*, etc.

Beja, couche subphosphatée au-dessus de la glauconie qui semble répondre au niveau indiqué par M. Thomas : *Globigerina, Rotalina, Lingulina*(?)*, Bulimina*, etc.

Khanget El-Tout, calcaires à Inocérames : *Globigerina, Textularia, Flabellina*, etc.

[2] Cet exemple montre que le microscope sera très utilement employé, non seulement pour l'étude des roches éruptives, mais aussi pour celle des roches sédimentaires, des argiles et des marnes qui souvent, à l'œil nu, sembleraient dépourvues de tous restes organisés.

à la craie supérieure à Foraminifères; seulement au Djebel Ichkeul il y a
eu une action métamorphique postérieure qui a changé les calcaires en
marbres plus ou moins saccharoïdes.

Le Pliocène, sous son faciès de marnes multicolores, de cailloux roulés
et de poudingues, occupe de vastes espaces à l'ouest de Mateur; de ce
côté après l'Oued Melah, on arrive à des grès qui contiennent un beau
filon de calamine.

Quand pour rejoindre le chemin de fer de Tunis on prend la route de
Mateur à Tebourba, on traverse d'abord une plaine de huit kilomètres
d'alluvions limoneuses actuelles. Les premiers contreforts de la montagne
vous remettent en présence des calcaires crayeux et foraminifères bientôt
masqués par des dépôts pliocènes de marnes puissantes bariolées, de poudingues et de cailloux; c'est le faciès de Constantine. On retrouve les calcaires à la descente avant la ferme de Chouega et ils forment toutes les
collines au nord de Tebourba.

Beja, Khanget El-Tout.

A Beja et tout autour se montrent très puissants les calcaires nummulitiques plus ou moins durs ou marneux. Dans le nord-est, on les retrouve
jusqu'à 27 kilomètres; partout à leur base est un niveau phosphaté, parfois
assez riche pour être exploitable et qui a déjà été signalé par M. Thomas,
dans la même position, dans le centre et le sud-ouest de la Régence.

Puis, au-dessous des calcaires nummulitiques, les calcaires à Foraminifères et à Inocérames que l'on peut suivre jusqu'au Khanget El-
Tout, à 20 kilomètres au nord. Là ils sont traversés par un très riche
filon de calamine exploité par M. Faure.

Au dessus des calcaires nummulitiques de Beja, l'on trouve, en allant
à Beja-Gare, des grès, des argiles et des poudingues, probablement
pliocènes.

El-Kef.

Je n'ai rien de nouveau à signaler à El-Kef, me reportant aux intéressants travaux de MM. Marès et Rolland, avec lesquels je me trouve presque
d'accord. Je signalerai seulement à sept ou huit kilomètres à l'ouest, près de
l'Oued Melleg, d'assez nombreuses Bélemnites qui nous montrent que
nous descendons rapidement la série.